Brendl · SICHERE GEBRAUCHSANLEITUNGEN ERSTELLEN UND ERKENNEN

SICHERE GEBRAUCHS-ANLEITUNGEN ERSTELLEN UND ERKENNEN

von
Erich Brendl
Dipl.-Ing. Dr. rer. pol., Weinheim
und
Miguel Brendl
Diplom-Psychologe, New York

Rudolf Haufe Verlag
Freiburg im Breisgau

CIP-Titelaufnahme der Deutschen Bibliothek

Brendl, Erich:
Sichere Gebrauchsanleitungen erstellen und erkennen /
von Erich Brendl und Miguel Brendl. - 1. Aufl. - Freiburg im
Breisgau : Haufe, 1991
    ISBN 3-448-02304-3
NE: Brendl, Miguel:

ISBN 3-448-02304-3   Best.-Nr. 01.99

1. Auflage 1991

© Rudolf Haufe Verlag GmbH & Co. KG, Freiburg i. Br. 1991

Alle Rechte, auch die des auszugsweisen Nachdrucks, der fotomechanischen Wiedergabe (einschließlich Mikrokopie) sowie der Auswertung durch Datenbanken oder ähnliche Einrichtungen, vorbehalten.

Herstellung: Druckerei Franz X. Stückle, 7637 Ettenheim

Zeichnungen: U. Hardt, 5800 Hagen

Inhalt

		Seite
1	**Die Aufgabenstellung**	6
1.1	Das Problem – Die Idee – Die Lösung	6
1.2	Voraussetzungen für Erfolg	11

A   GEBRAUCHS-ANLEITUNGEN

2	**Marketing-Aspekte**	14
2.1	Anleitungen – Kern hinweisender Sicherheit	14
2.2	Warum die Schutzfunktion bedeutsamer wird	18
2.3	Konzipierung	35

3	**Grundlagen psychologischer Natur**	43
3.1	Grund-Modelle	43
3.2	Nutzungs- und Schutzfunktion sichern	50

4	**Rechtsrahmen**	54
4.1	Haften mit Verschulden	55
4.2	Darstellungshinweise aus Rechtsprechung	60
4.3	Haften ohne Verschulden (ProdHaftG)	61

5	**Was tun? Wie vorgehen?**	64
5.1	Meinungsklischees korrigieren	64
5.2	Beispielsweise so:	68
5.3	Normen, Schutzgesetze, EG-Richtlinien befolgen	71
5.4	Zusätzliche Hilfen und Checklisten	103
5.5	Medientechnische Gestaltung	108

6	**Zwölf Ausführungsbeispiele**	116

B   BETRIEBS-ANWEISUNGEN

7	**Begriff**	155
8	**Verantwortung für Arbeitssicherheit**	157
9	**Anweisungen erstellen**	163
10	**Ausführungsbeispiele**	166

Literatur	175
Stichwortverzeichnis	176

1 Die Aufgabenstellung

1.1 Problem – Idee – Lösung

In einem Urteil des OLG Karlsruhe heißt es: „... Ein Hersteller hat dafür zu sorgen, daß die Produkte, die er dem Markt zuführt, verkehrssicher sind. Er hat jedoch außerdem durch klare Bedienungsanleitungen Gefahren, die sich durch Gebrauch, bei Wartungs-, Reinigungs- oder Reparaturarbeiten ergeben können, zu mindern und vor spezifischen, nicht ohne weiteres erkennbaren Gefahren zu warnen ..."

Anleitungen sind produktbegleitende Hinweise mit zwei Hauptfunktionen: Dem Benutzer den Gebrauch zu erleichtern und ihn vor Unbill beim Umgang mit dem Produkt zu bewahren.

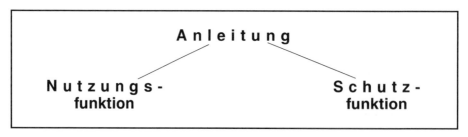

Das Problem:

Die Entwicklung zu „intelligenteren Produkten" schreitet rascher voran als das Wissen und Können der Käufer zu deren Nutzung; außerdem erreichen die Produkte als Folge der Öffnung von Handelsgrenzen zusätzlich Käufer mit geringeren Vorkenntnissen und Erfahrungen.

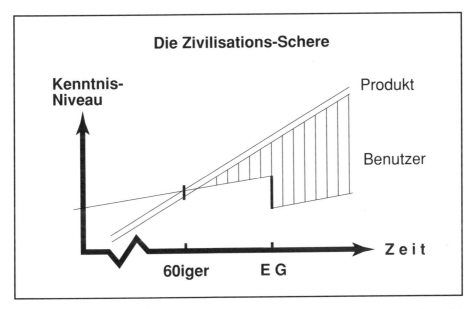

Vernetzung, zunehmende Systemgrößen und der Einsatz neuer Stoffe haben das Potential von Großrisiken vermehrt.
Problemverschärfend wirkt sich bei mittleren und kleinen Schäden aus, daß Rechtsprechung und Öffentlichkeit dies viel heftiger ahnden als noch vor wenigen Jahren.
Betriebswirtschaftlich haben sich daraus nicht mehr zu vernachlässigende Kostenprobleme und strategisch Imagebedrohungen existenzieller Tragweite entwickelt.
Um dem zu begegnen, wurden große Fortschritte zur Senkung von Produkt-Sicherheitsmängeln gemacht. Doch diese finden bisher keine Parallele bei der Darbietung, was sie unter Sicherheitsaspekten zur Schwachstelle der gemeinsamen Problemlösung macht.

Die Idee:

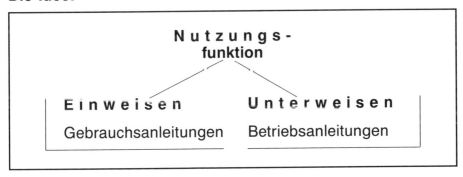

Die Nutzungsfunktion folgt je nachdem, ob es sich um Laien oder Fachleute – also GEBRAUCHS- oder BETRIEBS-Anleitungen handelt – den Prinzipien der Einweisung bzw. Unterweisung (es fehlen nicht nur Produkt-, sondern auch Fachkenntnisse). Die Beherrschung dieser Prinzipien gehört zum Rüstzeug jedes Führungsverantwortlichen, kann also vorausgesetzt werden. Verbleibt die Aufgabe, die persönliche Kommunikation des Unterweisens in die anonympapierene „Kommunikationshilfe" Anleitung zwischen Produkt und Benutzer zu transformieren. Die wenigen Veröffentlichungen zur Erstellung von Gebrauchsanleitungen (GA's) befassen sich hauptsächlich damit.

Die wachsende Bedeutung der Schutzfunktion wird darin durchaus gesehen, läßt sich aber nur mangelhaft, d. h. nicht genügend wirkungsvoll über die dort vertretene Wissensvermittlung erreichen. Das liegt daran, daß gefährdendes Verhalten überwiegend emotionell bedingte Ursachen hat, die der sachgebundenen Einsicht vorgelagert sind, ja diese selbstgefährdend einzufärben vermag.

In dem Maße, in dem der erste Irrtum zum letztmöglichen Versuch werden kann, muß eine geeignete emotionelle Einstimmung dem Umgang mit so gearteten Risiken vorgeschaltet werden. Das ist aber im Grunde die gleiche Aufgabe, die beim Führen dem „Anleiten" und darin insbesondere dem Motivieren zufällt. Dies gilt jedenfalls für ungewohnte Situationen und Störungen. Bei sich wiederholenden Konstellationen können auch Verbote und Warnungen Schutzwirkung zeitigen.

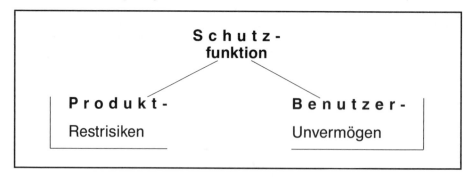

Geschützt muß der Benutzer werden zum einen vor den Restrisiken des Produktes, die z. B. nur mit einer gewissen Wahrscheinlichkeit beherrschbar sind und zum anderen – inzwischen in wachsendem Maße auch in der Rechtsprechung – vor seinem eigenen Unvermögen gegenüber den Anforderungen des Produktes soweit dies für den Lieferanten voraussehbar, möglich und zumutbar ist.

Die positive Seite dieser Entwicklung besteht darin, daß die Befriedigung des Urbedürfnisses nach unkomplizierter und sicherer Produktnutzung von den Käufern honoriert wird, sich also nicht nur kosten-, sondern auch ertragsseitig lohnt.

Die Lösung:

Die **bestimmungsgemäße Nutzung** fällt dem Produktkäufer um so leichter, je gründlicher diese Aufgabe und ihre Aufteilung auf Technik, Design und Unterweisungshilfen einschließlich Anleitung bereits in der Konzeptionsphase gelöst wird und je mehr Arten zu lernen dabei angesprochen werden. Im übrigen ist dies im wesentlichen eine lernpsychologische und medientechnische Aufgabenstellung.

Unseren Vorschlägen zur Gestaltung der **Schutzfunktion** liegt die z. Z. verläßlichste Ursachenzuschreibung für Leistungs- und Selbstschutzverhalten zugrunde, die Theorie von Weimer. Leicht abgewandelt stellt sie sich so dar:

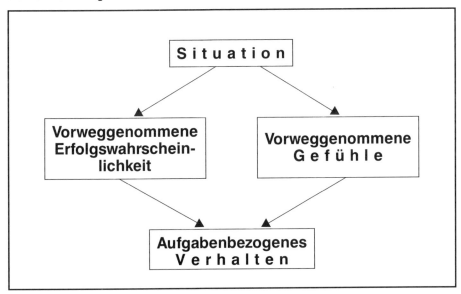

Erstmals veröffentlicht wird u. W. hier der Ansatz, archetypische Reaktionen systematisch zur Selbstschutz-Stärkung heranzuziehen. Warum diese modernen Risiken fehlinterpretiert und situativ korrigiert werden können, das hängt mit Aufbau und Arbeitsweise unseres Gehirns zusammen und ist in EPR 181 ff. popularwissenschaftlich erläutert.

Damit erfüllt dieser Lösungsvorschlag die wissenschaftliche Forderung, daß die Varietät der Lösung der Komplexität der Aufgabe angemessen sein muß bzw. er vermeidet den von Prof. Ulrich erhobenen und von Prof. Dörner empirisch bestätigten Vorwurf an die Praktiker, komplexe Aufgaben so stark zu simplifizieren, daß sie dann Probleme lösen, die so gar nicht existieren. Beimel und der VDMA stellen in diesem Sinne bezüglich Gebrauchsanleitungen fest, daß ...

... ihre Bedeutung herstellerseitig unterbewertet werde

... selbst die Bewertung durch die Stiftung Warentest zu einseitig und formalistisch sei

... der Aspekt der Verständlichkeit überbetont werde

... die Autoren zu oft unqualifiziert seien.

Selbstschutzverhalten von Produktbenutzern läßt sich durch GA's positiv wie negativ beeinflussen. Fehlende Kenntnisse und Fertigkeiten lassen sich bis zu einem gewissen Grad aufbauen oder ausgleichen, allerdings mit einer dem Umfang entsprechenden Lernkurve. Fähigkeiten müssen i. a. als gegeben hingenommen werden. Beeinflußbar ist aber die Auswahl der vorhandenen Fähigkeits- und Verhaltensmuster über die Darstellung der Situation sowie über die lösungsbezogene Vorwegnahme der Gefühlslage und Erwartungen an das Produkt und an sich als Benutzer. Solch eine Beeinflussung setzt allerdings voraus, die Situation mit den Augen, Gefühlen und Erwartungen des Anzuleitenden zu sehen, um sich verständlich machen zu können. Viele GA's suchen nur die eigene Sicht verständlich darzustellen. Letztlich kommt es auf Dinge an, die jede Führungskraft zu berücksichtigen hat, die nicht über ihren eigenen Schatten stolpern will: Glaubwürdigkeit, ehrliches Kommunizieren, Achtung der anderen Persönlichkeit.

S C H U T Z
– Abwehr einer Gefahr

z. B. durch eine Warnung

SICHERHEIT
– Fehlen einer Gefahr

z. B. sicheres Produkt

Die Schutzfunktion läßt sich in drei Qualitätsstufen erfüllen: Haftungsdicht, Vorbeugen gegen nicht-rechtsrelevante Marktsanktionen und offensive Nutzung des Käuferbedürfnisses nach mehr Sicherheit.

Haftungs- „ d i c h t "
bedeutet

Rechtserfordernisse:
k e n n e n
einhalten
dies nachweisen können.

Ausgangspunkt sind die Unternehmens-Chancen, um derentwillen die Risiken aus Produktsicherheit und Anwenderschutz eingegangen werden. Dies wandelt die defensive Schutzhaltung zu einer offensiven Sicherheits-Strategie. „Sicherheit" ist unteilbar und deshalb eine ganzheitliche Betrachtungsweise. Das verlangt eine Optimierung der Anleitung innerhalb des Gesamt-Contextes.

1.2 Voraussetzungen für Erfolg

Fragt man Autoren für Gebrauchsanleitungen nach ihren Fortbildungswünschen, dann häufen sich Stichworte wie Layout-Muster, Praxisbeispiele, Vorbilder, Richtformulierungen u. ä. Solche Wünsche verraten das Selbstbild eines Handwerkers gegenüber einer Architektenaufgabe.

Es ist unmöglich vor Risiken zu schützen, die man nicht kennt und wenn die Aufgabenzuweisung in der Risikohandhabung nicht abgestimmt und geklärt ist.

Wer GA's erstellt, muß an Analyse und Behandlung der Risiken teilhaben bzw. in dem Maße, in dem dies nicht der Fall ist, von einer verantwortlichen Stelle risikogerechte Ausführungsvorgaben z. B. in Gestalt eines briefings erhalten. Standardlösungen und Imitate können nicht vor spezifischen Risiken – und gerade auf deren Beherrschung kommt es an – schützen.

Mancherorts wird diese Sichtweise auf eine organisatorische Aufwertung der Verfasser von GA's hinauslaufen, die selbstverständlich durch eine angemessene Qualifikation abgedeckt sein muß. „Chancen" sind also nicht nur unternehmensseitig, sondern auch aufgaben- und karriereseitig für die Verfasser von GA's zu erkennen.

Was also muß der Erstellung einer schutzwirksamen Anleitung vorausgegangen sein?

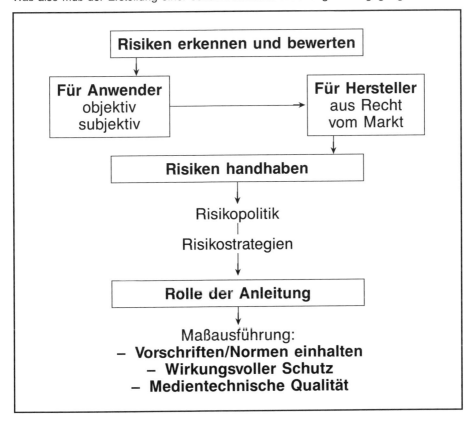

Der Buchaufbau folgt diesem Ablauf unter dem Gesichtspunkt seiner Anforderungen an GA's und ihre Erstellung (Rechtsrahmen, Psychologische Aspekte, Marketing- und mediengerechte Umsetzung).

Bezüglich der Ermittlung und Bewertung von Risiken muß allerdings auf Begleitliteratur verwiesen werden (4/1 ff.; 7/167 ff.).

Daß Emotionen bei der subjektiven Risikoverschätzung und Selbstgefährdung eine maßgebliche Rolle spielen, erweist sich als Nadelöhr für eine schutzwirksame Anleitungsgestaltung.

Haftung zu verhindern war bisher das defensive Mindestziel hinweisender Sicherheit. Wo die Sanktionen des Marktes schmerzhafter sein können als die der Rechtsprechung, dort wird es inzwischen auf nicht-rechtsrelevante Risiken dieser Art ausgeweitet. Die Nutzung der wachsenden Bedürfnisse nach Sicherheit zu Wettbewerbsvorsprung ist ein dritter, offensiver Schritt. Welche Stufe gewählt wird, das ist eine risikopolitische Entscheidung. Risikopolitik geht von den unternehmerischen Chancen aus, legt z. B. das Eignungsniveau und die Marktsegmente fest, gibt dem Produktbereich nicht zu überschreitende Grenzrisiken und ein einzuhaltendes Chancen/Risiko-Verhältnis vor.

Dazu werden dann ursachen- und wirkungsbezogene Risikostrategien entwickelt (4/3; EPR 165). Soweit sich die Anleitung um das Verhindern menschlichen Versagens bemüht, ist sie ursachenbezogen, doch es kommen auch wirkungsbezogene Elemente vor wie Schadensbegrenzung im Störfall oder Angaben zur Ersten Hilfe.

An der Umsetzung der Risikostrategien sind alle Unternehmensfunktionen beteiligt, von der Konstruktion über den Vertrieb bis zur Wartung. Doch Sicherheit entsteht nicht durch Hinzufügen funktionaler Elemente, sondern durch ihr Zusammenspiel und das verlangt ständige wechselseitige Abstimmung und gesamthafte Optimierung von der Konzipierung bis zur Entsorgung des Produkts.

Läuft die Erstellung von Anleitungen auf eine Text-Bild-Gestaltung dessen hinaus, was der Autor vorfindet, dann wird er wirklich nur handwerklich bzw. arbeitstechnisch gefordert.

Je nachdem wo er zwischen „Handwerker" und „Architekt" steht, sind die folgenden Empfehlungen mehr oder weniger anwendbar (vgl. Brendl, Loseblattwerk, Gruppe 5: Medientechnik):

Empfehlungen, was Autoren ...

... haben müssen
  Die Sicherheitsphilosophie des Auftraggebers
  Die einsatzgerechten Eignungsgrenzen des Produktes
  Den bestimmungsgemäßen Gebrauch
  Die anvisierten Grenz- und Restrisiken
  Das Selbstschutzvermögen der Anwender
  Deren situative Selbstschutzdefizite
  Den Lernverlauf zwischen Produkt und Anwender

... haben sollten
  Mehrdisziplinäres, einschlägiges Wissen insbes. aus Marketing, Recht und Psychologie
  Fähigkeit zu Interviews und Zusammenarbeit zwischen unterschiedlichem disziplinärem Denken zu vermitteln, mehrkanalig darzustellen
  Arbeits- und medientechnische Fertigkeiten

... haben dürften
  Einfühlungsvermögen gepaart mit Toleranz
  Gespür für Zusammenhänge
  Konstruktive Neugier und Sensibilität
  Qualitäts- und Kostenbewußtsein (Liebe zum Detail)
  Improvementhaltung

... nicht haben dürfen
Tunnelperspektive
Routinearroganz

... an Unterstützung brauchen
Volle Bringinformation auf dem letzten Stand
Einbindung in von der Pflichtenhefterstellung bis zur Schadensbesprechung
Auch Kenntnis von Beinahschäden
Ständige Weiterbildung
Unbürokratischen Zugriff zu Informationen
Aufgabengerechte organisatorische Eingliederung

Autorenhaftung:

Die Notwendigkeit übergeordneter Einsicht und interdisziplinärer Abstimmung schützt im übrigen den internen Autor davor, im Falle des Schadenersatzes aus „Instruktionsfehlern" diesen persönlich zahlen zu müssen. Im Außenverhältnis hat im Prinzip derjenige einzustehen, bei dem die erforderlichen Funktionen sicherheitsverantwortlich zusammenlaufen; das ist je nach Organisationsaufbau der Marketingleiter, der Produkt-Manager, der Produktsicherheits-Beauftragte oder bei Investitionsgütern auch gelegentlich der Konstruktionsleiter. Soweit eine andere Person die Disziplinarpflichten der qualitativen Auswahl und Überwachung hat, kommt dies in der Außenhaftung nur zum Tragen, wenn firmenfremde Autoren beauftragt werden, also z.B. ersichtlich ist, daß einer Werbeagentur unerläßliche Kenntnisse z.B. über einschlägige Normen und Gesetze fehlen. Käme es zur Verurteilung eines Firmenangehörigen, wäre der fällige Schadenersatz durch die Betriebshaftversicherung gedeckt; im übrigen ziehen es die Kläger vor, gleich die Firma zu verklagen. Auf einem anderen Blatt stehen dann die disziplinären Konsequenzen eines fachlichen Versagens.

A GEBRAUCHS-ANLEITUNGEN

2 Marketing-Aspekte

2.1 Anleitungen – Kern hinweisender Sicherheit

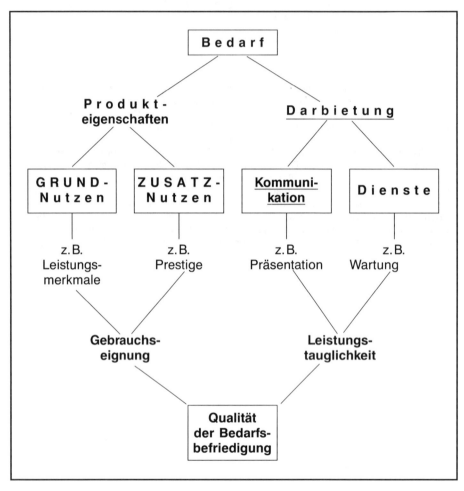

Käufer suchen mehr als nur den funktionalen Grundnutzen eines Produktes und der Kaufakt ist ohne Kommunikation nicht möglich. Mit reinen Leistungsbeschreibungen ohne gebührende Berücksichtigung seiner immateriellen und emotionellen Entscheidungs- und Verhaltenskomponenten ist es schon vor dem Verkauf nicht getan, auch nicht bei Investitionsgütern.

Jede der oben dargestellten vier Bedarfskategorien kann durch Mängel Rechtsgüter des Käufers verletzen: Gesundheit, Sachen, Vermögen, aber auch Erwartungen und Gefühle. Sicherheit ist deshalb ein Anspruch, der alle vier Kategorien betrifft. Produkte haben sicher zu sein im Grund- wie im Zusatznutzen; doch absolute Produktsicherheit gibt es nicht, immer gibt es Sicherheitsrisiken, die nur mit einer bestimmten Wahrscheinlichkeit beherrscht sind. Den Benutzer auch vor diesen zu schützen, ist eine der Aufgaben der Darbietung und vor allem der Kommunikation (hinweisende Sicherheit). Diese endet, wo die Eigenverantwortung und Verkehrssorgfaltspflichten des Anwenders beginnen (3/101; EPR 77). Sie bestehen im wesentlichen in der einsatzgerechten Produktwahl, dem bestimmungsgemäßen Gebrauch und der Erhaltung der Produktsicherheit.

„Darbietung umfaßt **alle Phasen** der Begegnung von Anwender und Produkt. Die verschiedenen Darbietungs-„Kanäle" bzw. Marketing-Instrumente werden bevorzugt in bestimmten Phasen eingesetzt. Die Anleitung gehört in die Gebrauchsphase.

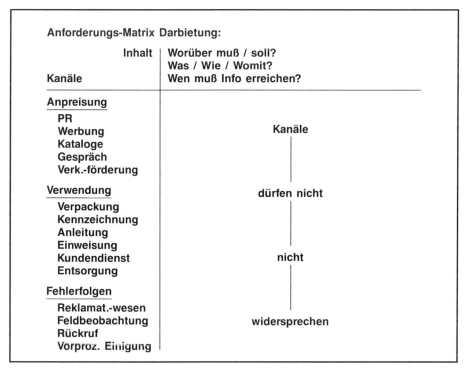

Damit drängt sich eine Unabdingbarkeit auf, die **einzelnen Kommunikationskanäle** so inhaltlich und zeitlich **abzustimmen,** daß sich aus Sicht der Adressaten keine Ungereimtheiten ergeben. Ungereimtheiten zwischen den Kanälen gehen einseitig zu Lasten der Anbieter, insbesondere bezüglich der Hinweise auf Gefährdungsmöglichkeiten und dem Schutz davor.

Die Darbietung hat jedoch den Anwender nicht nur vor Restrisiken des Produktgebrauchs zu schützen, sondern auch vor seinem berechtigten Unvermögen im Verhältnis zu den Anforderungen des Produktes an ihn.

Recht des Anwenders auf	Pflicht des Lieferanten zu
UN-WISSENHEIT	AUFKLÄRUNG z. B. über Produkthandhabung
IN-KOMPETENZ	HINWEISENDER SICHERHEIT z. B. über Vermeidung von Restrisiken

Aufklärung ist nicht nur Funktionsbeschreibung, sondern auch die Vermittlung fehlender Fertigkeiten und Korrektur unzutreffender Vorurteile; beim Griff ins Regal dürfen z. B. Verpackung oder Bild beim Käufer keine irreführenden Erwartungen bezüglich Menge oder Eignung wecken.

Inkompetenz bezieht sich, wenn auch nicht ausschließlich, auf unbewußte Einstellungen und Verhaltensweisen. Hinweisende Sicherheit hat Selbstschutzdefizite auszugleichen, denen sich der Benutzer durch seine Entscheidung für dieses Produkt aussetzt. Bereits das erste Ausprobieren per Versuch und Irrtum kann zu Enttäuschung und Schäden wegen Inkompetenz führen, doch es ist schon ein Kommunizieren zwischen Anwender und Produkt. Aufgabe der Anleitung ist dieses Kennenlernen erfolgreich zu „moderieren", und dazu muß die Anleitung den Anwender erst einmal für sich gewinnen und ihn dann gleich hormonell so einstimmen, daß er seinen Spieltrieb zugunsten eines reizvollen Nutzungsangebots zügelt und für ihn beherrschbare Lernschritte unternimmt.

Die hinweisende Sicherheit verfolgt also zwei Hauptziele:
1. Kommunikationsmoderator zwischen Produkt und Benutzer
2. Situative Beeinflussung des Benutzer-Verhaltens.

Anleitung hat Schlüsselrolle in hinweisender Sicherheit!

W a r u m ?
Weil Anleitungen Selbstschutz-Defizite SITUATIV auszugleichen vermögen

Wenn der Hersteller unter Schutz und Sicherheit Markttrends versteht, die er zu Wettbewerbsprofilierung nutzen kann, dann wird die hinweisende mit der technischen Sicherheit bereits im Pflichtenheft miteinander abgestimmt. Die **Gebrauchsanleitung** mit ihren Warnungen wird damit aber zur **Orientierungsgröße** für die **gesamte andere Darbietung**, inhaltlich wie zeitlich. Das setzt allerdings eine Führung voraus, die es versteht, ihre autonomen Bereiche durch Leitlinien auf das Ganze hin zu disziplinieren. Der Hinweis soll nur andeuten, daß hinweisende Sicherheit eine anspruchsvolle, komplexe Forderung ist und isolierte Betrachtungen verfehlt sein müssen, gleichgültig ob sie juristischer, technischer, verkäuferischer oder redaktioneller Natur sind. Sicherheit ist unteilbar bzw. ein schadhaftes Element gefährdet das Ganze. Es ist eine interdisziplinäre Aufgabe.

Gebrauchsanleitung enthalten:	
Information	Eignungsgrenzen, fitness for use Nutzenmerkmale
Einweisung	Kommunikation mit Produkt für sichere Nutzung, Wartung etc.
Anleitung (Warnung)	Restrisiken wahrnehmen und beherrschen

Ein Anleitungsfehler führte zur Vertreibung aus dem Paradies. Die Warnung Gottes war zu ungenau. Adam hätte nach heutigem Recht gute Aussichten auf Rückgängigmachung oder Schadenersatz gehabt.

Daraus ergibt sich die zwingende Schlußfolgerung: **Anleitungen** können nur wirksam schützen, wenn sie **selbst frei von Fehlern** sind, beispielsweise nach Übertragung in eine andere Sprache und damit in eine unterschiedliche Schutzkultur.

Anleitungen können auch versagen, weil sie **handwerklichen Pfusch** darstellen, von der Gliederung über Sprache und Bild bis zum Druck und Papier. Zu dieser Problemkategorie gibt es im Gegensatz zu den zuvor angeschnittenen, vorgeordneten Aspekten eine Menge Literatur. Doch trotz ihrer relativen Einfachheit zeichnet sie sich durch Tendenzen der Übervereinfachung aus, indem etwa das Problem unzulänglicher Anleitungen auf die Patentformel „Fehlende Verständlichkeit" reduziert wird. Auch falsche, irreführende, unvollständige, undifferenzierte oder riskante Anleitungen können gut zu verstehen sein und Restrisiken, die vom Autor mißverstanden wurden, den Weg frei machen, um beim Anwender Enttäuschung, Verärgerung und Schäden auszulösen. Werden durch eine täuschende, mehrdeutige Darstellung nur wirtschaftliche Interessen gefährdet und nicht die körperliche oder sachbezogene Unversehrtheit des Adressaten, kommt i. a. das Rechtsgebiet des unlauteren Wettbewerbs ins Spiel (EPH 82).

Es gibt mehrere Verknüpfungen zur Produkthaftung:
1) Ein Kausalzusammenhang, z.B. daß eine unlautere Irreführung **haftungs-** u.U. **strafrechtliche Folgeschäden** auslöst.
2) Beide Rechtsgebiete regeln das Verhalten des Unternehmens. Gemeinsamer Nenner ist das **Verbot gegen die guten Sitten zu verstoßen,** Generalklausel des UWG und Grundsatz bei der vertraglichen Folgeschadenshaftung, z.B. in Gestalt zugesicherter Eigenschaften, aber auch Bestandteil der deliktischen Sorgfaltspflichten.
3) Der Verbraucherschutz der EG basiert auf fünf fundamentalen Rechten (12/I/151); das **Verbot der Irreführung ergänzt** dort die **Aufklärungs- und Instruktionspflichten** der hinweisenden Sicherheit.
4) Die Urteile geben wertvolle Formulierungshinweise (s. Abschnitt 5).

Für den Umgang mit gewerblichen Produkten kommt zur Gefahrenabwendungspflicht des Produktproduzenten die des Arbeitgebers, der das Produkt in seinem Betrieb einsetzt. Aus der **Anleitung** wird die **Anweisung** im Rahmen der Weisungspflicht (Käufer lassen sich bestenfalls einweisen und anleiten, aber nicht „anweisen"). Doch da die Betriebsanweisung auf der Gebrauchsanleitung aufbaut, ist ihr das abschließende Kapitel gewidmet.

2.2 Warum die Schutzfunktion bedeutsamer wird

Fortschritt	**beeinflußt**	Schutzbedürfnisse
Schutzbedürfnisse	**beeinflussen**	R e c h t
R e c h t	**beeinflußt**	Schutzkonzepte
Schutzkonzepte	**beeinflussen**	Marketing
Marketing	**beeinflußt**	Anleitungs-Qualität

Fortschritt beeinflußt Schutzbedürfnisse

	Gesundheit	INFORMATION
bzgl.	←	←
	Rechtsschutz	Wettbewerb

Diese vier Parameter verkündete R. Kennedy 1963 als Grundrechte des Konsumenten auf Schutz vor gefährdenden Industrieprodukten. Was war geschehen?

– Der chemische und technische Fortschritt hatte Produkte mit Gesundheitsrisiken in den Verkehr gebracht, die für den Laien nicht erkennbar waren oder falsch gehandhabt wurden. Es kam vereinzelt zu Massenschädigungen (z. B. durch Spritzasbest).

– Die Geschädigten blieben auf ihrem Schaden sitzen, weil der Anspruch durch die wachsenden Verteilerorganisationen an den fehlerverantwortlichen Hersteller und die Beweisführung nicht realisierbar waren; Geburtsstunde des modernen Produkthaftungsrechtes.

– Bei der Produktinformation wurden Aufklärung über Gefährdungen als verkaufsschädlich angesehen, deshalb verharmlost oder vermieden. Warnungen mit Anleitungen über die Grenzen des Produktes und den Umgang mit vorhandenen Restrisiken hatten Seltenheitswert.

Es kam zu Absprachen zwischen Wettbewerbern zum Nachteil der Käufer, auch in Sicherheitsbelangen. Der Konsument war aber auch nicht in der Lage, Risikounterschiede bei sich ähnelnden Produkten verschiedener Herkunft zu erkennen. Es entstanden öffentliche Vergleichstests und Schutzorganisationen.

Jeder dieser vier Parameter hat sich fortentwickelt. Gesundheitsansprüche und Schutzverlangen wachsen immer noch stärker als die Benutzerrisiken. Die **Kommission in Brüssel** sieht sich als Hüter dieser Entwicklung, **ihre Philosophie:**

– Hohes übereinstimmendes Sicherheitsniveau trotz Heterogenität.
– Absolute technische Sicherheit gibt es nicht, aber in Verbindung mit Information ein vertretbares Sicherheitsniveau.
– Information soll jeden Anwender in die Lage versetzen können, Gefahren rechtzeitig zu erkennen und sich vor ihnen schützen zu können.
– Unteilbarkeit des Schutzes für Konsument, Werker und Umwelt.
– Einhaltung muß überwacht und bei Verstößen durchgesetzt werden können, also

---

Haften ist nötig, aber vorbeugende Sicherheit besser.

Die Struktur der **Schutzbedürfnisse moderner Käufer** läßt sich z. Zt. mit allen Vorbehalten solcher Verallgemeinerungen so skizzieren:

– Kenntnisdefizite über Neben- und Langzeitrisiken von Produkten;
– daher verunsichert bis ängstlich; geschürt durch punktuelle Medienkampagnen;
– Suche nach Ersatzkriterien für Kenntnisdefizite z. B. Vertrauen in Marke;
– teilweise Risikokompensation durch ausgeprägtes Gesundheitsbewußtsein;
– Bedürfnis nach gesellschaftlichem Schutz vor persönlicher Gefährdung.

Ergebnis: Neigung zu
+ Spontanem Produkterleben
+ Gesundem Genuß
+ Hohem technisch/modischem Sozial-Prestige
+ Ehrlicher Aufklärung
+ Informationen ohne Denk- und Lernanspruch
+ Geborgenheit vor unbekannten Gefährdungen.

Schutzbedürfnisse beeinflussen Recht

Um Defizite der Anwender in der Gefahrenabwehr auszugleichen und ihren wachsenden Schutzansprüchen zu genügen, haben Rechtsprechung und Gesetzgebung folgende Wege beschritten:

1− Verschiebung der **Beweislast** zugunsten des Geschädigten (11/22)

2− Erlaß von **Schutzgesetzen** (12/I u. II)

3− Wachsende Auflagen an **vorbeugende Sicherheit** (11/308)

4− Weitung der **Obhutspflichten** von Herstellern aus dem Herrschafts- **in ihren Einflußbereich** (EPR 30,64)

5− **Harmonisierung** von nationalen Unterschieden, die die Binnenmarktbildung behindern könnten (EPR 103; 4a/47)

Jeder dieser Wege berücksichtigt das Schutzbedürfnis nach angemessener Information bzw. **hinweisender Sicherheit:**

Zu 1) Beweislast:
Anleitungen fallen in der traditionellen Rechtsprechung unter die Sorgfaltspflichten der Instruktion **nach § 823 BGB** (11/35).

Im allgemeinen muß ein Kläger die Berechtigung seines Anspruches voll beweisen. Nicht so bei Produkthaftungsfällen seit 1968 (Hühnerpest-Urteil). Von da ab muß der Kläger nur noch beweisen, daß sein Schaden durch einen Fehler des Produktes von dem Beklagten verursacht wurde; der muß dann seinerseits nachweisen, daß er seine Gefahrabwendungspflichten nicht verletzt hatte.

In der Literatur wird immer wieder behauptet, diese sog. **Beweislast-Umkehr** gelte **nicht nur** für Konstruktions- und Fertigungsfehler, sondern **auch für Instruktionsfehler.** Dies stimmt so nicht (Kullmann, Probleme der Produzentenhaftung, DAV, 1988, S. 48 und 11 R/72). Bisher gibt es kein Urteil des BGH dieser Art, er hat lediglich offengelassen, ob er sich im Falle der Beweisnot des Geschädigten dieses Weges bedienen werde. Es ist bis heute davon auszugehen, daß der Kläger den Vollbeweis dafür antreten muß, daß der Hersteller die Gefahr hätte kennen und berücksichtigen müssen. Kann der Kläger seinen Anspruch auf der Grundlage des **neuen ProdHaftG** vorbringen, muß er **nur noch beweisen,** daß die Anleitung **unzureichende Sicherheitshinweise** enthielt; das bezieht sich auch auf vorhersehbaren Fehlgebrauch z. B. unter Berücksichtigung des Umstandes nicht erwartbarer Kenntnisse der Zielgruppe.

Eine noch so gute Anleitung zur Nutzung der Produkteigenschaften ist also unzureichend. Sie muß vielmehr Sicherheitshinweise enthalten, um Restrisiken im Umgang mit dem Produkt kennen und vermeiden zu können; dies sind nur mit einer gewissen Wahrscheinlichkeit beherrschbare Risiken und/oder nicht fernliegende Einschätzungs- und Verhaltensfehler der Anwender.

Zu 2) Schutzgesetze:
Diese enthalten Ge- und Verbote auch zur Instruktion. Es gibt allgemeine oder produktspezifische Schutzgesetze mit entsprechenden Mindesterfordernissen. Beispiele im Abschnitt 5.

Zu 3) Vorbeugende Sicherheit:
Dies bezieht sich vor allem darauf, daß unerkannt gebliebene oder neu hinzukommende Gefährdungen durch bereits im Markt befindliche Produkte (1) schnellstmöglich erkannt und (2) Folgeeskalationen verhindert werden.

Deutlichsten Ausdruck findet dies im Entwurf zur Produkt-Sicherheits-Richtlinie (11/307; 12/I/61). Die Definition für Sicherheit geht dort beabsichtigt über die der ProdHaftR hinaus, weil „fehlerfrei und sicher nicht deckungsgleich sind". Das Ergebnis ist die Feststellung der „Unteilbarkeit von Sicherheit" und von Sicherheit als einer Fähigkeit des Systems Mensch-Produkt-Umwelt. Dieser ganzheitlichen Sichtweise müssen auch die Ansprüche an Anleitungen gewachsen sein.

Zwei Schwerpunkte der ProdSiR sind die Produktbeobachtung und die Sicherheitsbehörden. **Produktbeobachtung** erfordert Marktnähe; da kein anderes Kommunikationsmittel so dicht am Kunden bleibt wie die Anleitung, bietet sie sich zur Unterstützung der Produktbeobachtung an; es ist an Anreize zu denken, Störungen zu melden und an Anknüpfungsmöglichkeiten für evtl. Rückrufe. Umgekehrt müßen GA-Autoren Einsicht in die Erkenntnisse der Produktbeobachtung erhalten.

Seit dem Honda-Urteil müssen Anleitungen auch Gefahren berücksichtigen, die aus der Funktionsparung mit fremdem Zubehör erwachsen können. Die **Anleitungen zählen zur technischen Dokumentation** (etwa bei der Selbstzertifizierung des CE-Zeichens, das Voraussetzung für einen freien Absatz in der EG ist); deshalb werden Anleitungen ein wichtiges Kritorium bei Überprüfungen durch Sicherheitsbehörden darstellen.

Zu 4) Weitung Obhutspflichten:
Das eben erwähnte Honda-Urteil verdeutlicht auch die Pflichtenweitung im traditionellen Deliktrecht. Die Verschiebung des Fehlerbezugs von den Sorgfaltspflichten des Herstellers auf die Erwartungen der Anwender im ProdHaftG charakterisiert ebenfalls die Weitung vom Herrschafts- in den Einflußbereich; spezifiziert wird dies noch in der Maschinen oder ProdSiR dadurch, daß

- Informationen die „**Aufnahmefähigkeit und Kenntnisse der potentiellen Benutzer**" berücksichtigen müssen,
- Sicherheitshinweise für alle Gebrauchsphasen zu geben sind.

Zu 5) Harmonisierung:
Anleitungen müssen die harmonisierten Gemeinsamkeiten einhalten wie sie etwa in den Euronormen zum Ausdruck kommen. Aber ebenso wichtig ist es, die Sicherheitsbelange aus verbleibenden Unterschieden anforderungsgerecht zu behandeln, d. h. z. B. regional differierende Restrisiken für gleiche Produkte u. a. über die Anleitung abzufangen (EPR 103).

Recht beeinflußt Schutzkonzepte

Gebotener Mindestschutz	z. B. durch Normen
Verbotene Gefährdung	z. B. Gefahrenstoffe
Erkennbare Restrisiken	„Vertretbar" halten
Neue Restrisiken	über Produktbeobachtung vorbeugen

Das EG-Recht sucht die ersten beiden dieser Auflagen zu harmonisieren, in Drittländern können sie weiter abweichen. Die Frage, wieviel Schutz für Restrisiken juristisch sicher genug ist, muß von Fall zu Fall untersucht und beantwortet werden. Nach dem ProdHaftG ist es die Sicherheit, die unter Berücksichtigung aller Umstände insbesondere
- seiner Darbietung
- des (Fehl-)Gebrauchs, mit dem billigerweise zu rechnen ist und
- des Zeitpunktes, in dem es in den Verkehr gebracht worden ist

berechtigterweise erwartet werden kann.

Dies sind Kriterien, die nicht nur auslegungsbedürftig sind, sondern sich über die Zeit verändern. Hinzu kommt, daß sie auf eine rückblickende, monokausale Urteilsfindung abgestellt sind, während es dem Lieferanten auf vorbeugende Schadensvermeidung ankommen muß.

Juristisch werden 4 Kategorien von Restrisiken unterschieden

Restrisiko-Kategorien

1– Technisch nur mit gewisser Wahrscheinlichkeit beherrschbar
2– Nur unter seltenen Umständen gefährdend (z. B. bei Allergikern)
3– Bei unsachgemäßem Umgang oder bestimmungswidrigem Einsatz gefährlich
4– Im Prinzip technisch vermeidbar, aber unverhältnismäßig teuer (z. B. ABS oder Vierrad in Kleinwagen)

Wie hoch die technische Sicherheit gewählt und wie sie ausgestattet wird, ist juristisch eine Frage der Abwägung zwischen Benutzergefährdung (Wahrscheinlichkeit × Tragweite × Entdeckbarkeit) und dem Kundennutzen (z. B. Nebenwirkungen eines Medikamentes, die für die Hauptwirkung in Kauf zu nehmen sind).

Jedes Unternehmen besitzt bestimmte Problemlösungsstärken und Ressourcen. Dafür geeignete Bedürfnisse und Zielgruppen auszukundschaften, ist Aufgabe des Marketing, ebenso die Orientierung aller Unternehmensaktivitäten auf marktgerechte Leistungen und Produkte.

Schutzorientierte Marktanalyse

- Eignungsnutzen des Produkts?
- Regionale Reichweite?
- Was ist gesetzlich geboten und verboten?
- Wer benutzt solche Produkte?
- Welche Sicherheitserwartungen sind berechtigt? (EPR 24)
- Mit welchem (Fehl-)Gebrauch ist zu rechnen? (EPR 24)
- Liefert die Produkt- oder Technik-Beobachtung zusätzliche Hinweise?
- Welche Restrisiken werden akzeptiert?
- Welches Schutzniveau hat die Hauptkonkurrenz?
- Welche Gefährdungsminderung ist nachfragewirksam?
- Beeinflussen die Absatzkanäle das Schutzkonzept?

Aus Marketingsicht kann sowohl die Wahl der Grenzwerte als auch der Restrisiken anders ausfallen als bei rein juristischer Betrachtung. Das Ergebnis in Gestalt des **Produkt-Schutzkonzeptes** gehört bereits ins Pflichtenheft (7/9; 14/55).

- Festlegung der bestimmungsgemäßen Eignung (11/27),
- Quantifizierung der Grenz- und Restrisiken für Mensch, Sachen und Umwelt (4/18),
- Konzeptionelle Aufteilung auf unmittelbare technische Sicherheit (100%ig), mittelbare Sicherheit (z. B. Schutzvorrichtungen) und **hinweisende Sicherheit** (z. B. in Anleitungen).

Hier klingt der überdisziplinäre Charakter von Anleitungen erstmals an. So verfehlt es deshalb für Unternehmen ist, Anleitungen nur juristisch zu sehen, so verfehlt wäre es, sie dominant technisch, verkäuferisch oder von der Verständlichkeit her zu gestalten. Jeder einseitige Ansatz produziert Haftungs- und Marktrisiken. Anleitungen sind in dieses übergreifende Schutzkonzept eingebunden und was sie beitragen müssen, das bestimmt das Zusammenwirken mit den anderen Sicherheitselementen.

Schutzkonzepte beeinflussen Marketing

Das Schutzkonzept ist eine Strukturanweisung der Sicherheit für die – unter Mitwirkung des Marketing gewählten – Zielgruppen. Es ist nun Aufgabe des Marketings, seine Beiträge zur Ausfüllung dieser Struktur zu leisten und diese zu optimieren.

Schutzkonzepte verleihen dem Marketing-Mix (6/81) naturgemäß bestimmte Akzente (z. B. haftungsgerechte Verpackung 5/115). Besonders hervorzuheben in diesem Zusammenhang ist der Zwang zu **kommunizieren** statt bloß zu instruieren sowie die Zweckmäßigkeit einer Umstrukturierung des Mix. Anleitungen zählen zum mittleren Feld der folgenden Matrix.

Einfluß Schutzaspekt auf Marketing-Mix			
(1) Zwang zu kommunizieren (2) Umstrukturierung des Marketing-Mix			
	Vor Verkauf	**Während Gebrauch**	**Post-loss**
Vertrauensbildend	●	●	●
Einsatzorientiert	●	✖	
Schadensbezogen			●

Kommunikation entsteht aus dem **Austausch** von **Information und Signalen** (z. B. Wort, Bild, Farbe, Form u. a.); Kommunikation **gestaltet wechselseitige Vorstellungen** auf der Sach- **und** Beziehungsebene.

Risikovermeidende Sicherheit bedarf kommunikativer Gestaltung

(1) **Zwischen Produkt und Anwender:**
wegen der Lernkurve

(2) **Zwischen Unternehmen und Anwender:**
wegen kundengerechter Sicherheit, rechtzeitiger Produktbeobachtung und Vermeidung emotionaler Schadenseskalation

(3) **Zwischen den Marketing-Komponenten:**
um sich widersprechende Sicherheitsaussagen zu verhindern (cooperate communication)

(4) **Zwischen den betrieblichen Funktionen:**
um das Sicherheitskonzept wirkungs- und kostenbezogen optimieren zu können

(5) **Zwischen den Lebensphasen des Produktes:**
um unvertretbare Sicherheitseinbrüche aus phasenabhängigen Anforderungswechseln vermeiden zu können.

Kommunikation findet dort statt, wo die meisten Fehler entstehen, in Nahtstellen. Vielfach ist sie selbst am Zustandekommen von Sicherheitsmängeln beteiligt, aber sie vermag auch Fehlerquellen in Nahtstellen zum Versiegen zu bringen. Ein besonderes Gewicht für risikovermeidende Sicherheits-Kommunikation haben persönliche Begegnungen etwa bei der Wartung oder Reklamation. Intensivierung läuft deshalb auch vielfach auf eine Personalifizierung hinaus, z. B. die Pflege von Produktsicherheit durch Ausschüsse (8/22) oder Beauftragte (4/177), der Anwendertest für Anleitungen, die Einweisung oder die Bedienerschulung (all dies mit der Anleitung als Leitfaden). Aber auch vorstrukturierte Antworten in Form von Coupons, Fragebögen für Garantieforderungen oder Meldeauflagen für das Vertriebssystem in Verbindung mit nachfassenden Analysen durch Endhersteller (evtl. zusammen mit dem Zulieferanten) vor Ort sind kommunikative Ansätze, die sich in den Anleitungen niederschlagen können.

---

6 W's zur Schutz-Kommunikation

                Worüber muß?
                Was sollte?
Zwischen wem?
                Womit?
Auf   welcher Ebene?
                Wie?

Diese 5-Fragen-Kombination ergibt für jedes Kästchen der zuvor gezeigten Matrix ein charakteristisches Bild zum Einsatz der verfügbaren Marketing-Instrumente (ausführlich Brendl, Loseblattwerk, Gruppe 5: Medientechn. Aspekte).

Der Stellenwert der **Vertrauensbildung** (des positiven Images) ist um so höher, je stärker die potentiellen Käufer verunsichert werden oder sind. Sachargumente können da nur wenig ausrichten; da es sich um ein emotionelles Problem handelt, bedarf es eines emotionellen Ausgleichs eben im Gefühl, diesem Hersteller vertrauen zu können, bei ihm geborgen zu sein.

Der vermeintliche oder wirkliche **Schaden** kann leicht zur emotionalen Konfrontation ausarten, dies gilt es zu verhindern. Zur post-loss-Sachkommunikation zählt vor allem der Rückruf, der aber auch vertrauensbildend gestaltet werden kann.

Bei der **Einsatzorientierung** dominiert die Sachkommunikation. Bei der Sicherheitskommunikation liegt das Schwergewicht **vor dem Verkauf** auf Darstellung der Eignungsgrenzen, um das richtige Produkt wählen zu können (Werbung, Kataloge, Verpackung). **Während des Gebrauchs** kommt es vor allem auf die sichere Nutzung der Produkteignung (eigentliche „Anleitung") und den Schutz vor Restrisiken (Warnungen) an; Werbung gehört nicht in Anleitungen, sondern die Verkaufsphase. Die Anleitung ist außer Design und Warnaufklebern auf dem Produkt das einzige Kommunikationsmittel, das das Produkt in jeder Situation lebenslang zu begleiten vermag. Ihre Gestaltung muß diese Möglichkeiten ausschöpfen z. B. in Zugriffsfähigkeit, Aufbewahrung, Papierwahl. Wo das Medium Schrift überfordert ist, kommt es vor allem dort, wo bereits Bildschirme integriert sind, zu „elektronischen Anleitungen". Der nächste Schritt ist mit wachsender Komplexität die persönliche Einweisung und Schulung.

An dieser Stelle ist auf grundsätzliche Schwierigkeiten kommunikativer Natur hinzuweisen, nicht gegenüber dem Anwender, sondern beim Lieferanten selbst. Sie entstehen daraus, daß Sicherheit eine nur interdisziplinär zu lösende Anforderung darstellt, aber schon das Wort „Sicherheit" bei den Beteiligten unterschiedliche Inhalte besitzt. Ohne sich darüber klar zu sein, lassen sich Mißverständnisse und damit Sicherheitsmängel nicht vermeiden.

Sicherheits-Definitionen

ProdHaftG: Frei von schadenstiftenden Fehlern

ProdSiR: Frei von unvertretbaren Gefährdungen

Qual-Si: Einzelmerkmal für Produkteignung

Si-theorie: Gefährdungswahrscheinliche Störungen / Ausfälle

Si-technik: RISIKO (Tragweite × Häufigkeit) im ENERGIE-/SIGNAL-/STOFF-Umsatz des Systems Mensch-Produkt-Bezugswelt rechtlich vertretbar und wirtschaftlich tragbar gestalten (Die FMEA-Methode berücksichtigt die „Erkennbarkeit" als dritten Risikofaktor − 5/247)

Das Marketing benutzt demoskopische Merkmale zur Zielgruppenbildung.

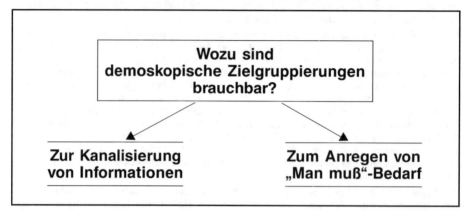

Doch demoskopische Gruppen korrelieren nur ausnahmsweise mit Schutzdefiziten. Dies ist der Fall bei Kindern oder bei Erfassung der Vorkenntnisse durch den Ausbildungsabschluß. Auch körperliches Unvermögen wie Farbenblindheit, Linkshändigkeit, Taubheit u. ä. lassen sich demoskopisch erfassen. Doch angeborene archetypische Sinnes-, Gefühls- und Erwartungsmuster, die nicht zu modernen Risiken, etwa den Umgang mit Giften oder Maschinen passen, gehen quer durch diese demoskopischen Gruppierungen und reichen meist auch über kulturelle Zugehörigkeiten hinaus. Andererseits sind eine Reihe dieser Ablaufmuster, die zu gefährdenden Verhaltensweisen führen können, z. B. aus der Qualitätssicherung, Schadensanalysen, Unfalluntersuchungen u. ä., nicht nur bekannt, sondern experimentell durch Verhaltensforscher belegt. Die hier interessierende Frage lautet deshalb: Kann es beim Umgang mit diesem Produkt zu Situationen kommen, die unabhängig von der demoskopischen Zielgruppe gleichartiges Gefährdungsverhalten auslösen? Die Vernunft weigert sich es zu glauben, aber jährlich sterben in deutschen Badezimmern etwa 50 Menschen den Elektrotod, weil sie sich diese Gefahr nicht vorstellen können. Oder bei Wintereinbruch häufen sich z. B. die Unfälle, weil Fahrweise und auch Ausrüstung noch nicht angepaßt sind, und zwar in allen Autoklassen.

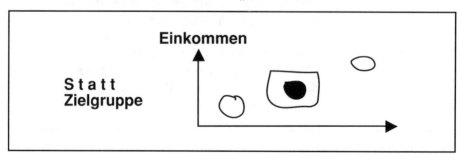

Übereinstimmendes Selbstschutzverhalten

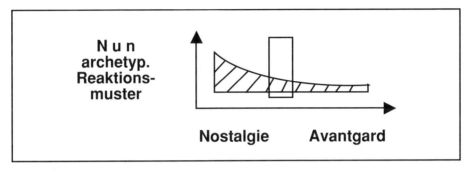

Im nächsten Schritt läßt sich die Betrachtung durch Berücksichtigung kultureller Unterschiede (unterschiedlicher Öffnung der „Zivilisations-Schere") verfeinern. Das Fehlen einer gewerblichen Ausbildung führt bei Arbeitsmaschinen, die nach Frankreich oder die USA exportiert werden, zu anderen Schutzvorkehrungen als bei uns. Und wenn Analphabeten als Hilfskräfte eingesetzt werden können, müssen Warnungen auch für diese verständlich sein.

Markenartikler können noch eine zusätzliche Überlegung anstellen. Bekanntlich ersetzen Marken weitgehend die Urteilsfähigkeit des Käufers über das Produkt, beeinflussen aber auch die Gefühlslage und damit die Selektion der Entscheidungs- und Verhaltensmuster. Wesentlich für das Verhältnis des Käufers zum Produkt ist, wieweit Image und tatsächliche Qualität übereinstimmen. Images können im Positiven wie im Negativen lange hinter der Realität nachhinken. Dies gibt wieder wichtige Hinweise für die hinweisende Sicherheit und ihr Verhältnis zur technischen Sicherheit. Beispielsweise bieten ABS und Vierrad-Antrieb objektiv mehr Sicherheit, aber es kommen auch mehr Unfälle zustande, weil sich viele Benutzer zu sicher damit fühlen; ein klarer Auftrag an die hinweisende Sicherheit.

Marketing beeinflußt Anleitungs-Qualität

Bisher war stillschweigend ein lückenloser Schutz für eine homogene Abnehmergruppierung unterstellt worden. Doch die Realität heißt: Heterogene Abnehmer mit einem lückenhaften Schutz. Das Recht will aber einen lückenlosen Mindestschutz für jeden und sucht die verbleibende Heterogenität risikoabhängig, personen- und situationsbezogen zu berücksichtigen.

Es gibt zwischen Juristen unterschiedliche Meinungen vor allem über Art und Größe der Anwender-Population, die für die Beurteilung sicherheitsrelevanter Kriterien herangezogen werden soll; die Spannweite reicht von soziologischen Gruppierungen einer Region bis zu „10–15 % der Umworbenen, die durch Mehrdeutigkeit irregeführt werden könnten". Das Marketing differenziert feiner zumindest bei Produkten, bei denen Schutzbedürfnisse und damit individualisierte Ansprache wettbewerblich eine maßgebende Rolle spielen. Generell gilt: je größer die Wissenslücke, je näher am Kunden (EPH 55) und je gefahrdrohender, um so spezifischer muß vor anwendungstypischen Risikosituationen geschützt werden. Zahlreiche Produkthaftungsurteile beruhen letztlich darauf, daß die Schutzhinweise für die voraussehbaren Gefahrensituationen zu allgemein gehalten oder die Sicherheitsversprechungen übertrieben waren. Situativ verlangt also das Recht nicht selten mehr Präzision als das Marketing – oder zumindest der Verkauf – zu geben gewillt sind.

Die Schutzqualität einer Anleitung hängt also ganz wesentlich von der risikogerechten Präzision des Marketings ab.

> **Hauptparameter eines
> schutz-präsizierenden Marketings**
>
> **W A S** kann mit dem Produkt geschehen?
> **W E R** kann die Restrisiken realisieren?
> **WELCHE SITUATIONEN** können schwerwiegende Schadensfolgen auslösen?

Das W A S

bezieht sich auf zu berücksichtigende Abweichungen vom bestimmungsgemäßen Gebrauch und ist am leichtesten von den drei Fragen zu beantworten. Im Sniffing-Fall (11 R/69) werden die Dämpfe eines Kältemittels von einem Auszubildenden zwecks Berauschung bestimmungswidrig mit Todesfolge eingeatmet; zu diesem Zeitpunkt bestand keine Warnpflicht, die jedoch im Wiederholfall wegen Vorhersehbarkeit aufleben würde. Die Frage zielt darauf, realistische unsachgemäße Verwendungen zu erkennen, die vor allem für Personen hohe Gefährdungen bedeuten und hinweisend vermeidbar sind.

Hilfsfragen zum WAS

- Ist der Bedarf durch Produkte mit abweichender Eignung deckbar?
- Gibt es verwechselbare Produkte mit mehr technischer Sicherheit?
- Gibt es Gewohnheiten, das Produkt für nicht vorgesehene Zwecke zu verwenden?
- Ist der bestimmungsgemäße Gebrauch den Zielgruppen offenkundig/geläufig?
- Desgleichen für die mit dem Produkt in Berührung kommende Bezugswelt (z. B. Kinder)?
- Desgleichen für vorhersehbaren Streuabsatz (z. B. indirekten Export)?
- Regt das Produkt zum „Ausprobieren" an? (Vorbei an Anleitung und Warnung)
- Werden die tatsächlichen Risiken eines unsachgemäßen Gebrauchs von einem nicht unerheblichen Prozentsatz der Produktbenutzer verharmlost? Warum ist dies so, wie könnte also gegengesteuert werden?

Die Hauptparameter des „WER?"

Selbstschutzfähigkeit

Kulturelle Unterschiede

Anwenderbreite

Es wurde bereits gezeigt, daß das Marketing in Sicherheitsbelangen die **Anwenderbreite** bzw. die Zielgruppen feiner differenzieren muß als es das Recht tut, sofern seine Zielsetzung über das Vermeiden und Abwehren von Schadenersatzansprüchen hinausgeht.

Die **kulturellen Unterschiede** haben dagegen regional- oder sogar lokalspezifischen Charakter und betreffen z. B. Sprache, Lebensgewohnheiten, Sicherheitserwartungen, Schutzwerte u. a.

Das Selbstschutzvermögen ist insoweit **ausbildungsspezifischer** Natur, als es sich aus Kenntnissen, Erfahrungen und Fertigkeiten ableitet, die erworben werden. Beim gleichen Produkt gibt es sozusagen „gattungsspezifische" Unterschiede im Selbstschutzvermögen zwischen Fachrichtungen, aber auch zwischen den Anspruchsebenen Dilettant, Hobby-Bastler, Profi. **Angeborene** Reaktionen modifizieren die Schutzverhaltensweisen „artspezifisch", besitzen aber aus der Komplexität ihres Zustandekommens individuelle Variationsbreiten; berücksichtigt werden i. a. Grenz- (und nicht Durchschnitts-) Werte. Die in der ProdSiR erscheinende „Aufnahmefähigkeit und Kenntnis des Benutzers" stellt nur einen Ausschnitt der Selbstschutzfähigkeit dar, die bei hinweisender Sicherheit und insbesondere Anleitungen zu berücksichtigen ist. Am besten wird solche Vielfalt über sich stützende Lernkanäle und -elemente angesprochen, die „sowohl als auch" gültig und verständlich sind (z. B. Piktogramme). Wo dies nicht geht, ist eine sich möglichst vertiefende Parallelität zu wählen, also vereinfacht für den Freizeit-Bastler und darauf aufbauend die Zusatzangaben für den gewerblichen Werker. Wo auch dies nicht mehr ratsam ist, kommt es zur getrennten Kommunikation, etwa Beipackzettel für Arzt und Patient bei Arzneimitteln.

> **WELCHE SITUATIONEN sind schutzverdächtig?**
>
> **1− Kumulation mehrerer Restrisiken**
> z. B. Gefahrstoff plus Umgang damit
>
> **2− Unfallereignis**
> z. B. Flasche zerbirst
>
> **3− Sachwidriges Verhalten**
> z. B. Unverständnis, nicht eingewiesen,
> Person ungeeignet.

Mit Erfahrung und Phantasie ist das Einsatzfeld methodisch (Kreativitätstechniken wie Osborn, Morphologie, Synektik etc.; Risiko-Managementtechniken wie FMEA, Gefährdungsbaum, Ausfalleffektanalyse u. ä. 4/14) nach derartigen Situationen auszuloten und zu wichten; wer fündig wird, hat hinweisende und gegebenenfalls technische oder einsatzbeschränkende Maßnahmen zu ergreifen.

Mensch-Produkt-Bezugsfeld-Konstellationen mit hohen Gesundheitsrisiken sind von seiten des Herstellers nicht ganz vermeidbar. Seine Obhutspflicht verlangt, die Anwender in die Lage zu versetzen, solche Situationen zu beherrschen. Sie beinhaltet deshab **auch Hilfen, um** die **Schadensfolgen** eines Störereignisses **zu beschränken**, etwa in Gestalt geeigneter Erster Hilfe oder der Aufforderung, das Gerät erst nach einer Fachinspektion wieder zu benutzen. Der Kundendienst sollte gehalten sein, auch für scheinbar nicht sicherheitsrelevante Störsituationen und Beinah-Schäden eine Meldung abzugeben, die die wichtigsten Ursachen- und Wirkungskategorien erfaßt, um den Betroffenen und andere vor Wiederholungen derartiger Störungen wirksamer schützen zu können.

Anleitungen sind laufend zu verbessern, gegebenenfalls zu erneuern oder präziser zuzuordnen; noch so perfekte Anleitungen für ein Modell sind meist für ein **Nachfolge-Modell** oder eine andere Ausstattungsvariante unter Sicherheitsaspekten unvertretbar. Aber auch neue Erkenntnisse aus der Produktbeobachtung über das Benutzerverhalten können Restrisiken darstellen, die in der GA zu berücksichtigen sind.

Zusammenfassung:

Wachsende Schutz-Erfordernisse und -Ansprüche verlangen entsprechend höher qualifizierte hinweisende Sicherheit.
Wichtige Kennzeichen dieser Höherqualifizierung für Anleitungen sind:
- **Verschärfte Rechtsauflagen** an vorbeugende Sicherheit durch Anleitungen.
- Anleitungen erfordern **Marktanalysen,** Abstimmung mit anderen Funktionsbereichen und Marketinginstrumenten.
- **Abstimmung** mit technischer Sicherheit bereits in Konzeptionsphase.
- Berücksichtigung aller Gebrauchsphasen, Vertriebskanäle, Kulturbedingungen, ungewöhnlicher Situationen.
- **Lernprozeß** zwischen Produkt und Anwender erfordert Kommunikation.
- Käufer suchen eine rasche, unkomplizierte **Erfolgsbestätigung** ihres **Kaufentschlusses.**
- Wenn die **schriftliche Anleitung überfrachtet** oder überfordert wird, ist elektronische und/oder persönliche „Anleitung" anzuwenden.

| **Schutzzwecke von Anleitungen** |

▼

- Bestandteil
  ... einer sicheren Problemlösung,
  ... des Lieferumfangs (nach deutscher Rechtsprechung),
  ... der Dokumentation zur EG-Konformität.
- Die technisch vorgegebenen Sicherheiten den differenzierten Schutzerfordernissen der Absatzmärkte und Gebrauchssituationen anpassen.
- Den vollen Funktionsnutzen erzielen, ohne die Grenzen der bestimmungsgemäßen Eignung zu überschreiten.
- Umfaßt über den Gebrauch bzw. Betrieb im engeren Sinne auch die Vorphase (Transport, Installationen etc.), die Reinigung, Wartung, den Störfall, die Reparatur, Beseitigung und Nutzenerweiterung (z. B. durch Zubehör) (5/142).
- Produkt- und bedienerseitige Restrisiken bewußt machen, Hilfen zur Vermeidung und zum Kleinhalten evtl. Schadensfolgen vermitteln.
- Interne Orientierungsunterlage für Vor- und Nachverkaufs-Kommunikation mit Markt bzw. Kunden.

2.3 Konzipierung

> **Bestimmungsgemäßer Nutzen**
>
> Haftungsdichte **Anleitungen**
> sind Rechtsgebot
>
> Schutzwirksame **Anleitungen**
> verhindern Fehlerfolgenkosten
>
> Sicherheit vermittelnde **Anleitungen**
> stärken Wettbewerbsposition

Haftungsdicht anleiten

Wer den Verbraucherschutz nur als wachsende Bedrohung empfindet, der wird sich mit dem Mindestmaß „haftungsdicht" begnügen. Er will sich selbst schützen, sieht nicht die mit diesem Risiko verbundenen Chancen.

Haftungsdicht bedeutet – wie bereits aufgezeigt – Gesetz und Rechtsprechung kennen, sie einhalten und dies nachweisen zu können. Fragt man Juristen als Haftungs-Experten, wie man dies anstellen soll, dann werden sie einleitend nicht zu Unrecht sagen: Es kommt drauf an – der Teufel liegt im Detail. Auch ist es nicht Sache der Juristen, zur Umsetzung des Rechtsrahmens in fachfremden Gebieten Rat zu erteilen. Immer wieder kommt es zu Verständigungsproblemen, weil der Blickwinkel der Praxis vorbeugend-vorausblickend mit Wahrscheinlichkeiten umzugehen hat, während Juristen gewohnt sind, rückblickend die Ereigniskette kausal bis zu dem für ihn Schuldigen zu verfolgen, der für den Praktiker nicht einmal die eigentliche Ursache zu sein braucht, sondern oft nur ein Symptom darstellt. Im Ergebnis gehen Juristen vorausblickend vom schlimmsten denkbaren Fall aus; im Extrem kann es dann zu einer juristischen Absicherung kommen, die so hoch ist, daß daran z.B. der Geschäftsabschluß scheitert. Gleiches gilt für den Umgang mit Produkthaftungsrisiken; der Ratsuchende ist im Grunde in der Position eines Produktsicherheits-Controllers. Er muß einen kühlen Kopf bewahren, die Ereignisrisiken selbst beurteilen und sie dem Juristen vorgeben, sonst kommt es zu unrealistischen Fallübertragungen (9/IV/35; EPR 116). Das Prozeßrisiko zu beurteilen ist hingegen Sache des Juristen. Man sollte sich jedoch klarmachen, daß unterschiedliche Rechtsauslegung zur selben Fallkonstellation ein Berufsmerkmal ist; deshalb gibt es auch in scheinbar eindeutigen Fällen stets ein Prozeßrisiko und mehrere Instanzen; hinzu kommt, daß Juristen auch Menschen mit Interessen, pessimistischer oder optimistischer Grundhaltung sind. Weiter sollte der Praktiker berücksichtigen, daß der Konkursnachruf „Aber er war im Recht" wenig tröstlich ist. Andererseits bedarf es zur Beurteilung von Haftungsrisiken ausreichender juristischer Facherfahrung, ein Einlesen genügt auch bei Juristen nicht immer. Aber völlig unqualifiziert handelt ein Manager, der aus der vagen Kenntnis einiger Sensationsurteile produkt- oder instruktionshaftrelevante Entscheidungen trifft; das kommt häufig genug vor.

Haften vermeiden und abwehren bedeutet keine Delegation eigener „Controlling"-Verantwortung an Jurist oder Versicherer, sondern die Sorgfaltspflicht, diese richtig auszuwählen, in ihre Aufgabe einzuweisen und sie zu überwachen. Checklisten von Verbands- und Versicherungs-Juristen zur Vorbeugung in Haftungsfragen oder gar der Erstellung hinweisender Sicherheit sollten deshalb die Analyse der eigenen Situation stimulieren und nicht einschläfern.

Was muß der Praktiker kennen, um haftungsdicht anleiten zu können?

1) Die einschlägigen allgemeinen Gesetze, horizontalen Richtlinien und Normen des Bestimmungslandes
2) Spezielle Ausführungsvorschriften insbesondere für Anleitungen in Schutzgesetzen, sektoralen Richtlinien, behördlichen Auflagen des Bestimmungslandes
3) Die Auslegung der Meilenstein-Urteile nach folgenden Gesichtspunkten:
   - Situativ (z. B. Zinkotom 11 R/124)
   - Verantwortungs-Abgrenzung zum Benutzer (z. B. Schreckschuß 2/522)
   - Umfang der Informationspflicht (z. B. Lenkradverkleidung 11 R/129)
   - Abstufung der Informationspflicht in der Lieferkette (11 R/X)
   - Produkt- und branchenspezifische Anforderungen z. B. an Arznei- oder Lebensmittel
   - Verständlichkeit (insbes. zum UWG)

Die Einhaltung des Rechtes richtet sich nach folgenden Kriterien:

1 Gefährdete Rechtsgüter
2 Schadenswahrscheinlichkeit
3 Techn. Schutzalternativen
4 Selbstschutzfähigkeiten
5 Kommunikative Beeinflußbarkeit
6 Konsequenzen unzureichender Hinweise mit und ohne Schadensfolgen

---

Zum Nachweis, das Recht eingehalten zu haben:

In aller Regel läßt sich der strittige Mangel eines Anleitungsfehlers im Gegensatz zu Material-, Berechnungs- oder Organisationsfehlern problemlos in natura vorlegen. Gebrauchsanleitungen gehören im übrigen auch zum Konformitätsnachweis für die EG (4 a/37) und zählen damit zur technischen Dokumentation.

Anleitung ist auch Bestandteil der technischen Dokumentation, denn

1. **Recht bewertet gesamte Problemlösung**
2. **Anleitungen und techn. Si. sind aufeinander abzustimmen (DIN EN 292)**
3. **Gehört zum Konformitäts-Nachweis**
4. **Bildet Vertragsbestandteil**
5. **Entlastet bei Anwender-Verschulden**

Doch um sich rechtswirksam entlasten zu können, ist u. U. mehr als nur die Anleitung selbst erforderlich (EPR 25). Beispielsweise kann es darauf ankommen nachzuweisen, daß der Benutzer die Anweisung bekommen haben muß (z. B. in Endkontrolle dokumentierte Verbindung mit Produkt). Im Rahmen des neuen PHG kann der Nachweis erforderlich werden, daß die Darstellung den Sicherheitserwartungen und den Gebrauchsgewohnheiten der Benutzer beim Inverkehrbringen entsprochen hat (z. B. durch Feldtests) oder die schadensauslösende Situation (auch im Ausland) nicht vorhersehbar war u. ä. m. Im Verschuldensfall muß der Beklagte u. U. nachweisen, daß der Kläger in Kenntnis der Gefahr nicht anders gehandelt hätte (11/35). Diese wenigen Hinweise zeigen: **Die Aufgaben der hinweisenden Sicherheit sind zu definieren und zu dokumentieren,** insbesondere die Aufteilung zwischen ihr und dem technischen Schutz. Weiter kann es für eine Entlastung wichtig sein, nachvollziehen zu können, warum so und nicht anders eingewiesen und gewarnt worden ist. Natürlich setzt die Dokumentations-Effizienz (EPR 26) dem Grenzen. Die gelegentlich geäußerten Bedenken, US-Geschworene könnten daraus einen Strick drehen, sind hierzulande unbegründet.

Da die **Nützlichkeit** von Dokumentation und hinweisender Sicherheit nur teilweise und dann auch noch schwierig „rechenbar" ist, wird nur zu leicht der Rotstift angesetzt. Deshalb gehört das letzte Wort dazu auf die Ebene, die den Erfolg des gesamten Produktbereichs zu verantworten hat. Ein gelegentlich angewandtes Richtmaß sind die Versicherungsprämien plus Reklamations-, Anwalts- und anteiliger Zeitkosten des Top-Managements für unzureichende Dokumentation und Mängel in der Nutzungs- und Sicherheits-Kommunikation. Die einen schätzen Einsparungen und entgangene Gewinne ab, die anderen meinen, daß Ausgaben für eine offensive Sicherheit mindestens die Höhe wie die für defensiven Schutz haben dürften. Eine andere nachdenkenswerte Relation ist der Aufwand für die Produktinformation mit hohen Streuverlusten zur GA, die das Produkt lebenslang begleiten und immer wieder zur Hand genommen wird.

Schutzwirksam anleiten:
Eine Anleitung kann haftungsdicht und dennoch schutz-unwirksam für nichtrechtsrelevante Gefährdungen sein. Der Übergang ist allerdings fließend, je nachdem ob der Richter Sorgfaltspflichten und/oder Fehlerbegriff formalistisch oder auch psychologisch interpretiert. Meilenstein-Urteile zeichnen sich vielfach durch ein erfreuliches Verständnis dafür aus, daß erst situative Ansprache ein wirksames Schutzverhalten auszulösen vermag und geben damit den Formalisten veränderte Auslegungskriterien an Hand.

Wenn man unter „Verstand" rational-kausales Erkennen und Denken versteht, dann löst dessen korrekte Sachinformation in Verbindung mit einer zur Gefährdung der Situation unpassenden Einstellung oder Gefühlslage Verhaltensweisen aus, die unbemerkt selbstgefährdend sein können. Deshalb ist „Verständlichkeit" auch nur eine der notwendigen, aber nicht hinreichenden Voraussetzungen für Schutzwirksamkeit.

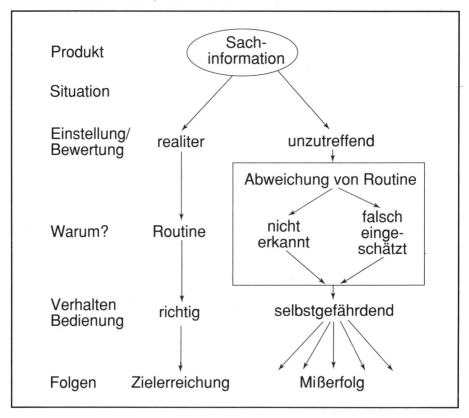

Dem emotionell fehlgerichteten Verstand muß sozusagen erst Vernunft beigebracht werden.

Das „Wie?" wird durch die Wahl des Schutzkonzeptes eingeleitet. Der Sicherheits-Stratege erarbeitet es durch Positionierung des Produktes in einem Kräftefeld, das aus zwei Polaritäten gebildet wird und das die vorausgegangenen Ausführungen zusammenführt:

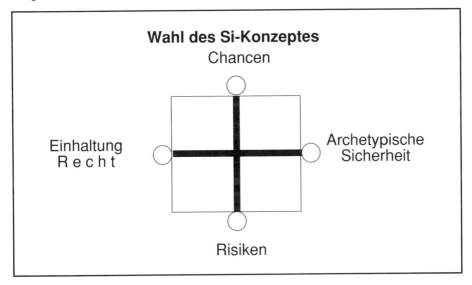

Zur Analyse, Bewertung und Konkretisierung der Positionierung liefert dieses Loseblattwerk zahlreiche Hinweise und Arbeitshilfen. In diesem Zusammenhang interessiert eine Frage ganz besonders: **Das Verhältnis zwischen technischer und hinweisender Sicherheit. Gibt es Wege, dieses zu optimieren?**

Beginnen wir mit einer üblichen Annäherung zum Quadranten links unten!

Fragen zum Risiko/Rechts-Quadranten

1– Art, Intensität und Richtung möglicher Mangel-Folgen

2– Verletzungsmöglichkeit von Personen/Sachen
Wo? Wann? Wie groß?

3– Häufigkeit

4– Sind diese techn. Restrisiken rechtlich zulässig?

5– Lassen sich Tragweite und Häufigkeit durch Sicherungshinweise in vertretbaren Grenzen halten?

Falls „Nein!"
Techn. Gebrauchs-, Markt-Änderung oder Verzicht?

Doch diese Betrachtung ist unvollständig und verführt geradezu zu Lösungen, die mehr der Initiative einzelner Beteiligter entsprechen als einer sinnvollen Optimierung. Grundsätzlich haben Produkte technisch sicher zu sein, d.h. der Hersteller kann sich seiner Verkehrspflichten nicht dadurch entziehen, daß er Pfusch durch Sicherheitshinweise zu kompensieren sucht. Doch bezüglich der Restrisiken hat er Spielräume sowohl im Ausmaß als der Art der Bewältigung nach. Es stehen ihm dafür unmittelbare und mittelbare technische Sicherheit, Design und Kommunikation bzw. Darbietung zur Verfügung.

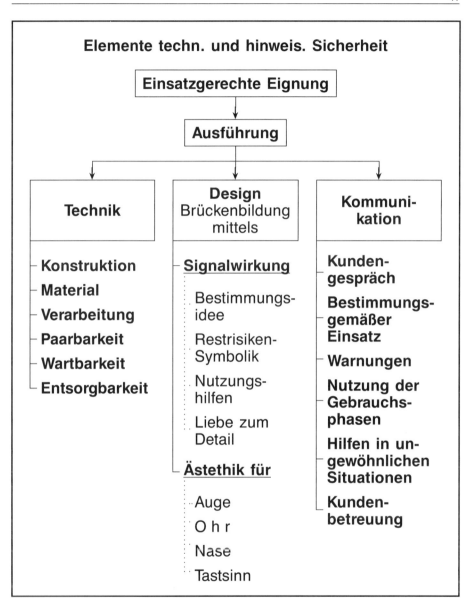

Hier kommt die Zivilisations-Schere wieder ins Spiel. Die Kenntnis des Schutzdefizits der noch zu berücksichtigenden Grenzbenutzer (Wissen, Fertigkeiten, kulturelle Prägung etc.) gibt deutliche Vorgaben für die Aufteilung der Schutzfunktion auf Technik, Design und Darbietung. Wer nicht lesen kann, wem Fundamentalkenntnisse fehlen, wer unwissentlich zu Mißbrauch neigt, der kann nur technisch geschützt werden. Gewisse psychologisch bedingte Gefährdungen müssen als Bedingung hingenommen werden oder ihre Beeinflussung wäre zu aufwendig, meist z. B. Benutzergewohnheiten. Oder: Je größer die Serie, um so vielfältiger die Schutzdefizite; an sich eine Aufgabe hinweisender Sicherheit, doch wenn sie wegen Umfang oder zu großer Unterschiede selbst unübersichtlich und unzuverlässig wird, schlägt dies zurück auf eine Anhebung der technischen Sicherheit des Serienartikels. Doch der wachsende Einfluß der Sicherheit auf Folgekosten, Kaufentscheid und Firmentreue eröffnet nicht nur offensive Gestaltungsräume, sondern auch aggressive. Eine eigene Lösung etwa, die der Markt als richtungsweisend aufnimmt und dadurch der Konkurrenz aufzwingt. Die Konzeption ist es also, die das Verhältnis von technischer und hinweisender Sicherheit vorgibt.

3 Grundlagen psychologischer Natur

3.1 Grund-Modelle

Ein- bzw. Unterweisen geschieht im Betrieb in Gesprächsform, also mittels persönlicher Kommunikation im Unterschied zum einseitigen Anweisen oder Instruieren. Sie unterliegt lernpsychologischen Grundsätzen. Diese wenden sich an den Intellekt, sollen Verständnis und Merkfähigkeit erschließen. Das gleiche Ziel verfolgt die Einweisung der Gebrauchsanleitung in die Nutzung des Produkts, nämlich fehlende Kenntnisse und Fertigkeiten zu vermitteln oder zumindest auszugleichen. Aus der Tatsache, daß dieses Manko individuell verschieden ist, folgt zwingend das MUSS einer leichten Zugriffsfähigkeit auf die Ungewißheit, die der Benutzer in einer Bedienungssituation abstellen möchte. Zurecht lehnt er deshalb Anleitungen mit Lehrbuch-Charakter ab.

„Anleiten" drückt die Obhutspflicht dessen aus, der kraft umfassender Erfahrung und tieferer Einblicke den Partner vor dessen Unvermögen zu schützen vermag. Ein- und Unterweisen dienen als Vorstufen dazu. Dem psychologisch naiven Praktiker stellt sich der andere Mensch (er selbst natürlich nicht) noch immer als kybernetischer Reiz/Reaktions- und damit auch als Lern-Mechanismus dar. Doch Selbstgefährdung beruht gerade darauf, daß dessen „Regelbereiche" von der Situation überfordert werden. Durch „Versuch und Irrtum" den Regler umprogrammieren zu müssen, gerade das muß in dieser Art Situation überflüssig gemacht werden, weil dies im modernen Lebensraum zu gefährdend für den Suchenden und für andere wäre. Sicherheit muß deshalb schon an den Ursachen für menschliches Gefährdungsverhalten ansetzen.

Freilich entspricht diese Vorgehensweise nicht unserem „gesunden Menschenverstand", steht auch vielfach im Widerspruch zu technischem und wirtschaftlichem Fachverstand, ist also ohne geistigen Überbau bzw. bewußter Orientierungs-Korrektur nicht auffindbar. Für Praktiker, die „emotionell" oder „abstrakt" mit unpraktikabel gleichsetzen (auch so ein Klischee), statt darin die Vorinvestition auf eine nachhaltige Lösung anspruchsvoller gewordener Probleme zu erkennen, wird die Schutzfunktion zu einer unlösbaren Aufgabe. Über Warnungen, Ver- und Gebote kommen sie nicht hinaus und selbst die können mangels Verständnis für die eigentlichen Ursachen noch so wirkungslos formuliert sein, daß die vom Schadensergebnis ausgehende Rechtsprechung sie als fehlerhaft verurteilt.

Allerdings beginnt auch die Sozialpsychologie erst in diese Zusammenhänge einzudringen. Doch die wenigen gesicherten Erkenntnisse sind schon mehr wert als naive Interpretationen oder auch pseudo-wissenschaftliche Hypothesen, die so hübsch plausibel klingen. Hüten Sie sich davor, weil nichts selbstsicherer und damit geistig blind macht, als die Arroganz des „diagnostischen Blicks". Tunnelperspektiven von Auftraggebern und Autoren sind wohl die häufigste Ursache für Haftungs-Undichtigkeit, Sicherheits-Mankos und Wirkungs-Armut. Mehrere „Blinde" ergeben noch keinen Sehenden, der „Umweg" über den grundsätzlichen und damit theoretisch scheinenden „Überbau" ist für die geforderte Qualifizierung unabdingbar.

Wenn Ihnen also die nächste Checkliste zur Erstellung oder Beurteilung von Gebrauchsanleitungen über den Tisch flattert, dann achten Sie vor allem darauf, ob und wie die Schutzfunktion gewährleistet wird. Und bleiben Sie sich bewußt: Das Symptom zu nennen mag Aha-Effekte auslösen und entspannend wirken, bedeutet aber nicht, das Übel an der Wurzel gepackt zu haben. Typisch dafür sind Formulierungen, die bestenfalls Gewährleistungs-, aber nicht wie gewollt Haftungsansprüche abzuwehren in der Lage sind, geschweige erst deren Zahl zu reduzieren vermögen. Autoren mit dem Selbstbild des Praktikers sitzen nur zu leicht der im Grunde gleichen Selbsttäuschung auf wie ihr schutzbedürftiger GA-Benutzer selbst: Blind machendes Selbstvertrauen bzw. Tunnelblindheit, lineares Denken und Handeln, irreführende Erwartungen und Einstellungen mit Ergebnissen wie: Belehrende Darbietung mit sprachlich-bildhaften Kniffen, Herumstochern in einer ordnungslos scheinenden Verhaltens-Vielfalt, Anwendung tabuisierter Klischees, ein gebrochenes Verhältnis zu Wahrscheinlichkeit mit dem Ergebnis, daß unrealistische Risiken als normale verkauft werden können oder aber aus der Tatsache, daß wiederholtes Verhalten keine negativen Konsequenzen gezeigt hat, auf Fehlerfreiheit geschlossen wird.

Hüten Sie sich vor Ratgebern und forschen Mitarbeitern, die ohne die unerläßlichen theoretischen und übergreifenden Kenntnisse Ihre GA's bearbeiten. Tief in ihrem Inneren spüren sie zwar, daß sie der Aufgabe nicht gewachsen sind. Haben sie aber nicht das menschliche Format, sich dies einzugestehen und bewußt zu machen, dann ziehen sie sich z.B. auf das zurück, was sie als „Intuition" bezeichnen. Das ist aber nichts anderes als ein Abrufen angeborener oder erworbener, aber unbewußter Verhaltensklischees. Diese laufen grundsätzlich **nicht** darauf hinaus, das eigentliche Problem zu lösen, sondern den durch das Unbehagen verursachten Streß möglichst rasch und bequem loszuwerden (EPR 184).

„Intuition" hat für die Psyche eine vergleichbare Funktion wie der Schmerz für den Körper: Ein Signal dafür, daß eine Störung vorliegt und eine indirekte Schonhilfe für die überforderte Schwachstelle.

Professionalismus zeichnet sich gegenüber Spezialistentum oder Laienhaftigkeit dadurch aus, daß er für überdisziplinäre Probleme auch überdisziplinäre Denkmodelle bereit hat, die den Unterschied zwischen subjektiver Wirklichkeit und realen Gegebenheiten verkleinern und so vereinfachen, daß das Wesentliche des Problems erhalten bleibt, die Situation aber beherrschbar wird; das unterscheidet diese Denkmodelle von Allgemeinplätzen. Weiter erkennt Professionalismus, ob ein Modell zutreffend ist und seine Gültigkeitsgrenzen einhält; ansonsten hat er Zugriff zu geeigneteren Modellen. Arroganz ist Selbstschutz bei Überforderung, sonst nichts; Professionalismus macht bescheiden und verständig. Auch für den stets verbleibenden Rest an Improvisation hält Professionalismus noch übersituative Ordnungsprinzipien bereit (die ihn das „Chaos" von außen betrachten lassen); es scheinen Fähigkeiten zu sein, die sich am besten mit „ästhetisch" umschreiben lassen und es gestatten, in der Improvisation zielstrebige Impulse zu geben, selbst wenn der äußere Schein dagegen spricht.

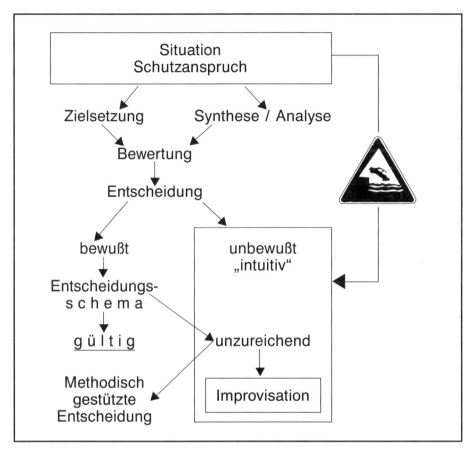

Anleitungen sind kein Zubehörteil zur Verbesserung des Produktes; sie sind vielmehr Bestandteil und Ausdruck des Sicherheits-Systems „Hersteller – Produkt – Anwender – Umwelt". Der Sprung aus der Situation eines festgestellten Restrisikos in die erstbeste plausible, rasch realisierte und kostengünstige Schutzmaßnahme ist zwar menschlich verständlich und verbreitet, aber unprofessionell und i. a. mit einem Rattenschwanz neuer Restrisiken verbunden. Es ist ein die kritische Vernunft umgehender Sprung „ins Wsser", die unbewußte Anwendung von Erfahrungsklischees, z.B. „Wenn/Dann"-Schemata. Es handelt sich demnach um standardisierte Verhaltensweisen in nicht normierbaren Situationen; das kann nur zufällig gutgehen.

Rezepte und Improvisationen haben überall dort Vorteile, wo
- sich die Prämissen wiederholen,
- die Konsequenzen eines Fehlers nur unbedeutend sein können,
- die Auswirkungen der Entscheidung reversibel sind,
- alle anderen Alternativen nachweislich unakzeptable Nachteile haben.

Zeitdruck ist keine annehmbare Ausrede, sich um professionelle Methodik zu drücken, da Frühwahrnehmung und Fahrweise – wie im Straßenverkehr – den Gefährdungsverhältnissen anzupassen sind.

Hüten Sie sich deshalb davor, irgendwelche Maßnahmen, Begründungen, Ziele, Bewertungen etc. für Ihre Situation einfach zu kopieren. Das kann zum richtigen Schritt in die falsche Richtung werden.

Zur **Einführung in die Verhaltensbeeinflussung** durch GA's einige Statements:

1. „**Verhalten**" ist alles, womit Personen das Verhältnis zwischen sich und ihrer Bezugswelt beeinflussen. Fehlverhalten bedeutet, die Person hat wesentliche Sachverhalte nicht gekannt, unzureichend beachtet oder mißinterpretiert.
2. Verhaltensweisen **liegen** situationsbezogene, bewertete **Deutungen zugrunde** bezüglich der Bezugswelt, sich selbst und den Beziehungen zwischen beiden.
3. Viele Deutungsmuster sind unbewußt und lösen Verhaltens-Automatismen aus, um schnell und energiesparend reagieren zu können.
4. Deutungsmuster ändern sich überhaupt nicht oder langsamer als viele Lebensbereiche.
5. Die Struktur zwischen Person, Produkt und Umfeld wird als **Situation** bezeichnet. Von Motivation und Intention der Person hängt es ab, ob eine Struktur als Bedrohung oder Bereicherung bewertet wird.
6. Für wesentliche Komponenten des menschlichen Verhaltens besitzt der Umgangswortschatz keine Bezeichnungen. Das beeinträchtigt die Verständigung darüber hin bis zur Ablehnung.
7. Eine optimale Beeinflussung muß die zur Situation am besten passenden Deutungsmuster aktivieren und evtl. fehlende Elemente integrationsfähig hinzufügen.
8. Wo erforderlich, kann psychologische Theorie Vorarbeit leisten, Empirie Brücken zur Praxis bauen, aber sozial-psychologische Grundkompetenz der für gefährdete Produktbenutzer Verantwortlichen muß deren Selbstschutzdefizite mit betrieblichen Mitteln wie Konstruktion oder Medientechnik schließen.

Zum Grundwissen von GA-Profis gehört vor allem die Umsetzung des sog. **SOR-Paradigmas**. Es stehen

S	für Stimulus (Signal, Situation)
O	für Organismus bzw. die interne Verarbeitung der Signale z.B. zu Reflexen oder zum Lernen
R	für Reaktion, Verhalten

Das SOR-Paradigma verknüpft empirisch erfaßbare Eingangsvariable (einschl. Produkt und GA) mit gleichfalls beobachtbaren Ausgangs-Reaktionen. Für die nicht beobachtbare Transformation von S zu R in dem „schwarzen Kasten" O werden hypothetische Konstrukte angenommen und miteinander vernetzt. Bei Partialbetrachtungen wird einzelnen Konstrukten eine zentrale Bedeutung zugeordnet, d.h. alle Transformationen durchlaufen dieses Hauptkonstrukt. Gleichwohl wird seine Vernetzung mit anderen Konstrukten nicht vernachlässigt, beispielsweise bei GA's die emotionelle Bereitschaft. Die psychologischen Betrachtungen dieses Buches unterstellen zwei Hauptkonstrukte:

1. Den subjektiv empfundenen **Produktnutzen**
2. Das wahrgenommene **Gebrauchs-Risiko**

Die detaillierte Betrachtung unter 5/247 liefert folgende wesentlichen Ergebnisse:

Die Sinnesorgane arbeiten als Bildwandler, sie kodieren die Realität in elektrische Signale. Das 3-geteilte Gehirn ist das Auswertungs- und Führungsorgan für einen dezentral organisierten Organismus. Anweisungen erteilt das Gehirn elektrisch (z. B. für Reflexe) oder chemisch. Adrenalin etwa setzt den gesamten Organismus in Alarmbereitschaft z. B. mit der Folge blockierten Denkens (Examensangst), Herzklopfen und Blutzufuhr zu den für Flucht oder Kampf wichtigen Extremitäten. Die Hormonlage empfinden wir als Gefühl, sie stellt Richtung und Intensität unserer Motivation ein. Das Zusammenspiel von Gehirn und Körper läßt sich als Verhalten (R) beobachten.

Wie das Gehirn arbeitet ist so gut wie unbekannt. Beobachtbar ist lediglich seine Anatomie. Es läßt sich auch noch feststellen, daß gewisse Gehirnbereiche bei bestimmten Aufgaben stärker aktiviert werden als andere. Doch schon die erkennbaren Verschaltungen der erkennbaren Elemente reichen nicht zur Erklärung aus. Immerhin lassen sich aber einige Konstruktionsprinzipien erkennen. Die wichtigsten davon sind für diesen Zusammenhang:

- Zwischen den drei Gehirnen besteht ein „Senioritäts"-Prinzip, d. h. eingehende Signale werden durch die Deutungsmuster der evolutiv älteren Gehirnteile vorselektiert und vorinterpretiert.
- Nur das dritte, das Groß- bzw. Denkhirn, ist individuell lernfähig.
- Energiesparen ist eine dominierende Grundregel, d. h. rasch und bequem dem psychischen Druck einer Situation zu entkommen ist wichtiger als deren Probleme zu lösen.

Diese Prinzipien müssen zu Selbstgefährdung führen, wenn ihre Gültigkeitsgrenzen überschritten werden, sie also nicht in den „Zivilisations-Dschungel" passen. Doch wir sind dem gegenüber nicht „ohn"-mächtig ausgeliefert. Die Evolution hat uns die Befähigung zur Bewußtmachung verliehen. Wenn wir diese dafür einsetzen rechtzeitig zu erkennen, wann unsere Reaktionsmuster überfordert sein könnten und darauf hin eine Situation angemessene emotionale Aktivierung betreiben sowie uns die erforderlichen Informationen beschaffen, läßt sich „Verstand zu Vernunft" bringen; bei anderen sogar i. a. leichter als bei sich selbst. Strategien zur Wahrnehmungsweitung sind z. B.: Instrumentelle Erfassung für fehlende Sinneswahrnehmung, medientechnische Verdeutlichung über Sinnbilder oder Schemata, gezielte Auslösung von Assoziationen, Bewußtmachung durch Rückkopplung zwischen Produkt und Bediener, Kommunikation mit situativen Bezugspersonen u. v. m.

Wichtig ist, daß die Wahrhabung der **Nutzungs- und Schutzfunktion** wegen Ansprache unterschiedlicher Konstrukte auch **unterschiedliche Stimuli** verlangen.

Die lernpsychologischen Grundsätze zur Vermittlung der Nutzungsfunktion sind bekannt und beschrieben, es genügt, sie im operativen Teil des Buches zu berücksichtigen. Doch die emotionale Beeinflussung zur Ausübung der Schutzfunktion ist so gut wie unerkannt. Wir greifen dazu auf die im Eingangskapitel dargestellte **Theorie von Weimer** zurück und behandeln drei Stimuli-Möglichkeiten zur Beeinflussung des Schutzverhaltens:

Aktivierung auslösen:

Bei GA's kommt es darauf an (1.) überhaupt Aufmerksamkeit auf sich zu ziehen und so attraktiv zu sein, daß man sie überhaupt in die Hand nimmt sowie (2.) persönliche Betroffenheit bezüglich des Schutzanliegens auszulösen.

Aufmerksamkeit wird durch **Orientierungssignale** ausgelöst. Im Idealfall stellt sich ein „Konzentrationsreflex" ein. Die Wirkung hängt sowohl von den objektivierbaren Eigenschaften als von der subjektiven Bedeutung für den Betrachter ab. Aufmerksamkeit wecken vor allem formale Qualitäten wie:
- ungewöhnliches Format
- Farbe
- überraschende Typographie (Schreibmaschine)
- von Gewohnheit abweichende Darstellung
- achtungsgebietendes Gestikschema
- Größe, Form, Geruch, Helligkeit u. v. m.

Ein Lehrbeispiel ist das Verkehrszeichen „Vorsicht Kinder". Der ADAC fordert Umgestaltung, da es erwiesenermaßen unwirksam sei. Die Kinder sind zu brav, spielen nicht; der mit dem Kindschema auslösbare Beschützerinstinkt wird nicht angesprochen.

Persönliche Betroffenheit läßt sich durch sog. **Schlüsselreize** auslösen, die das „limbische System" unseres Gehirns aktivieren, das soziale Gefühle aktiviert.

Ein Positivbeispiel für ein Piktogram, das sowohl Aufmerksamkeit als Betroffenheit auslöst ist das sog. Wickelmännchen, S. 52.

Situativ motivieren:

Es geht darum, die „aktivierte Hormonlage" nun motivativ auf die situative Gefährdung einzustellen, z. B. mögliche Glatteisbildung bei Antritt der winterlichen Fahrt. Dazu drei Beispiele aus der Rechtsprechung:

Der „emotionale Zusatz-Nutzen" ist bei Motorrädern womöglich noch höher zu veranschlagen als bei Autos. Windschnittigkeit trägt zum Lustgewinn bei. Doch wenn diese die Sicherheit gefährdet, hat der Hersteller diesen zu verunsichern, „Unlust" daraus zu machen und nicht noch Noppen anzubringen, die dieses Risikoverhalten unterstützen (Honda-Urteil).

Im Zinkotomfall ging dem Meister der Trocknungsvorgang nicht rasch genug, er wollte ihn durch Hitzeeinwirkung beschleunigen und „übersteuerte" damit die chemische Reaktion in eine Explosion. Die Warnung hatte diese als vorhersehbar eingestufte Situation nicht erfaßt.

ABS- und Vierrad-Fahrer überfordern den Zuwachs an technischer Sicherheit in so großer Zahl, daß Versicherer darauf reagieren mußten. Da dieses Anwenderverhalten den Herstellern haftungsseitig nicht angerechnet wird, schlägt es sich nicht in deren GA's wieder.

Es gibt zahlreiche Konstellationen, in denen Sachinformation keinerlei Chance hat, bei den Betroffenen Schutzreaktionen auszulösen, weil die emotionellen Schutzmuster davon unberührt bleiben z. B. mangels Vorstellbarkeit. Das ist bei der Warnung von Langzeitschäden ein Problem und die EG-Kommission verzichtete z. B. auf die Formulierung „Rauchen macht süchtig", weil sie sich davon keinerlei Wirkung versprach.

Vorweggenommene Erfolgswahrscheinlichkeit:

Sie soll dazu motivieren den mühevollen Weg zu beschreiten, sich Kompetenz anzueignen, also Wissen und Fertigkeiten zu erlernen. Im Schutzbereich betrifft dies z. B. den Umgang mit Störungen; dazu müssen etwa Zusammenhänge verstanden und Handgriffe eingeübt werden (Simulationstraining von Piloten). Medientechnisch wird in GA's dazu vor allem das Wort und im allgemeinen viel zu wenig das Bild eingesetzt.

Mit der Sprache lassen sich Gefühl, Denken und Handeln beeinflussen, auch unmerklich, weil Worte z. B. begrifflich vorkonditioniert sind. Unser Gedächtnis speichert nämlich nicht Wort für Wort, sondern begriffliche und auch emotionale Zusammenhänge, die bei Nennung des Wortes aktiviert und auf die Situation bezogen werden. Damit es ob solcher Mehrdeutigkeit nicht zu Fehldeutungen kommt, muß man den gewünschten Begriffsinhalt aus verschiedenen Warten oder „mehrkanalig" (z. B. über Wort und Bild) senden (vgl. S. 51 „Lerntypen"). Solche Mißverständlichkeit wird naturgemäß auch genutzt, um den Adressaten zu manipulieren ohne daß er dies bemerkt. Unter „Sprachrealismus" versteht man beispielsweise das Phänomen, daß aus Bezeichnungen im Kurzschluß Merkmale abgeleitet werden: „Bio" bedeutet nicht etwa frei von Schadstoffen und „neutral" keine Sicherheit vor Allergien. Sprachrealismus läßt sich gewollt verstärken, wenn die fragliche Eigenschaft substantiviert wird; das wirkt präziser, gewichtiger, optisch durch Großschreibung verstärkt und damit überzeugender, etwa: Multivitaminsaft, Ganggenauigkeit, Schnell-Korrektur, Geschmacks-Verfeinerung. Auch mit Eigenschaftsworten lassen sich bewertende und damit falsche Erwartungen wecken, etwa mit der sachlich klingenden „ist-so"-Formulierung (Dieses Auto ist bewährt). Es lassen sich auch geheime Motive ansprechen (Enthält alle Aufbaustoffe, die ein Mann braucht).

Weitere Beispiele: Bei „Hautatmung" nehmen viele Menschen an, der Körper atme auch durch die Haut. Das ist falsch, durch die Poren der Haut findet kein Gasaustausch statt. Wenn für die Wärmeisolation Ihres Hauses „gerührter Kalkstein" Verwendung findet, würden Sie auf die Idee kommen, daß dieser brennbar ist? Dazu gibt es einen tatsächlichen Brandschaden, weil der Begriff „Stein" dem Benutzer einen unbrennbaren Stoff signalisiert hatte, doch er brannte auf Grund anderer Beimengungen eines Tages lichterloh.

Hier noch drei sprachliche Todsünden, verständlich aber ...
... **eine Anleitung zum Selbstmord:**
„Lassen Sie bei diesem Rasenmäher nicht das Kabel aus den Augen, das stets nach hinten weggeführt werden muß"
... **nicht durchführbar:**
Die Lasche, durch die der Nippel gezogen werden soll, sucht man vergeblich (hat nur das kleinere Modell)
... **blabla**
„Außenluft wird durch Herunterkurbeln der Türscheibe dem Wageninneren zugeführt" (aus einer Lada-Betriebsanleitung).

„Übersetzungsfehler kommen nicht nur durch falsche Begriffswahl aus dem Wörterbuch zustande. Der Strahlenkranz einer koreanischen Piktogramm-Sonne (Vor Sonneneinstrahlung schützen) wurde beim deutschen Importeur zu einer Warnung „Vor Nässe schützen".

Sprachliche „ENTSCHÄRFUNG" einer amerikanischen Anleitung	
Vorher	Nachher
THE INTERFACE ENSURES SAFE OPERATION DESPITE THE COMPLEX FUNCTION	...WAS SELECTED TO ENHANCE OPERATOR AND EQUIPMENT IN THE COMPLEX FUNCTION **ENVIROMENT** OF **THIS** MACHINE
	NOTE: USE BOTH METRIC AND US-DIMENSIONS
HIGH DEGREE OF ACCURACY	IMPROVED ACCURACY
SHORT DOWN TIMES	REDUCED DOWN TIMES SUGGEST: COMPARISON CHART
WITHOUT ANY PLAY	WITH MINIMUM PLAY
ENSURE...	DESIGNED TO REDUCE SURFACE PRESSURE AND ENTRANCE SERVICE LIFE
COMBINE ALL THE POSSIBILITIES	...CAPABILITIES

3.2 Nutzungs- und Schutzfunktion sichern

Die Nutzungsfunktion grenzt die Einsatzeignung ab und verhilft zur Erfüllung der Erwartungen an den bestimmungsgemäßen Gebrauch. Sie folgt den Grundsätzen des Ein- und Unterweisens, d.h.:

Verträgliche Lernschritte (Was?)
An bekanntem Wissen anknüpfen
Begreifbare Imformationseinheiten
Hilfsmittel: Arbeits- und Informations-Diagramme

Aktivität (Learning by doing) (Wie?)
Rasch Erfolgserlebnis selbst finden lassen
geistig **und** körperlich aktivieren

Transfer (Wozu?)
Zugriffsfähig wählbar
Anschaulich, mehr-„kanalig", Lerntypen berücksichtigen
Einwände vorwegnehmen
Gerät „kommuniziert" und belohnt

Lerntempo
Vom Benutzer anpaßbar

„Rückkopplung"
z.B. durch Tests bei Zielpersonen; Berücksichtigung der Bedingungen, denen diese ausgesetzt sind; Störungen, denen die Vermittlung von Anleitung zu Benutzer ausgesetzt sein kann (z.B. Anleitung erreicht ihn nicht, wird unleserlich oder Piktogramme in Anleitung und aus Maschine stimmen nicht überein).

Nach **Vester** („Denken, Lernen, Vergessen" bei dtv) hängt der Lernerfolg von der **Übereinstimmung** der Denkmuster der Information mit denen des zu Informierenden ab. Lern-„Typen" zeichnen sich durch Dominanz bestimmter Sinne (Auge, Ohr, Tasten) und Denkweisen (bildhaft, abstrakt, assoziativ) aus. Je besser diese Vielfalt angesprochen wird, um so mehr Personen werden Lernerfolge erzielen und um so größer ist die Lernaussicht des einzelnen. Um die Vielfalt der Lerntypen zu bedienen, hat Vester 13 Regeln zur Stoffaufbereitung zusammengestellt.

Zur Erstellung von Anleitungen haben folgende Regeln besonderes Gewicht:
1. Zu jedem Zeitpunkt müssen persönlicher Wert und Bedeutung des Lehrstoffs für den Lernenden einsichtig sein.
2. Gliederung nach Verständnisfolge und **nicht** nach fachsystematischen Gesichtspunkten.
3. Neugierde zur Lernbereitschaft nutzen und die innere Abwehr des Unbekannten durch Vertraute „Verpackung" ausmanövrieren.
4. Zusätzliche Assoziationen durch Begleitinformation über andere Sinne bzw. „Eingangskanäle" auslösen.
5. Durch Spaß und Erfolgserlebnisse für eine lernpositive Hormonlage sorgen.
6. Neue Information mehrfach anbieten (z. B. Warnung auf Gerät wiederholen).

Haftungsrechtlich soll **die Schutzfunktion** erkenn- und beeinflußbare Selbstschutzdefizite des Benutzers ausgleichen. Doch diese wichtige Funktion ist **3stufig** zu sehen:
1. Sie muß den Benutzer in die Lage versetzen, **Restrisiken** des Produktes erkennen und Schaden durch sie vermeiden zu können (z. B. bei Allergiegefahr)
2. Sie hat den Benutzer zu bewahren vor bekannten **Fehleinschätzungen** (z. B. Windschlüpfigkeit bedeute mehr Fahrstabilität – Hondaurteil) und vor vorhersehbaren Fehlreaktionen mit Gefährdungs-Charakter (z. B. aus Ungeduld zu unsachgemäßen Beschleunigungsmethoden zu greifen, etwa Reiniger deshalb zu erhitzen)

Diese beiden ersten Aufgaben erfüllen Rechtsauflagen und/oder wollen eigenen Verlusten vorbeugen, sind also defensiver Natur. Umsichtigere Unternehmen begreifen den wachsenden Anspruch der Gesellschaft und Käufer nach mehr Anwendungs- und Umweltschutz als weitere Möglichkeit der Schutzfunktion.

3. **Offensive Nutzung** des Bedürfnisses nach fehlerfreier, sicherer Nutzenbefriedigung zu Wettbewerbsvorteilen. Gelingt dies, wird der Benutzer die angenehmen Produkterfahrungen auf Marke und Firma übertragen.

Die Schutzfunktion verlangt eine Verhaltensbeeinflussung, die in der Menschenführung Motivieren genannt wird. Etwa bei einem Hersteller offenliegender Verbindungswellen. Nach dem Baumspritzen-Urteil (11 R/4) hat er gegenüber fachkundigen Benutzern weder eine Hinweis- noch eine Warnpflicht vor der Gefährlichkeit des Produkts. Doch als Zulieferant weiß er nicht, ob sie nicht auch fach-unkundige Benutzer gefährden können und nicht in Länder indirekt exportiert werden, in denen solche Warnung grundsätzlich verlangt wird (USA). Es kommen zwei Grundsätze ins Spiel: a) Unterschiedliche Sicherheitsniveaus lassen sich nur schwer isoliert halten bzw. können diffundieren oder anders gesehen werden b) Sicherheit ist unteilbar. Die Maschinen-Richtlinie bezeichnet im übrigen solche Wellen als besonders risikobehaftet und große Benutzergruppen, wie etwa Landwirte, sind zwar als erfahren aber nicht unbedingt fachkundig für solche Produkte zu bezeichnen; jedenfalls besteht die Gefahr, daß gerade ihre Routine diese Gefahrenquelle verharmlost und sie risikoblind und unvorsichtig im Umgang mit offenliegenden, rotierenden Wellen macht. Deshalb muß ihnen in der Gebrauchssituation die Gefährlichkeit so anschaulich nahegebracht werden, daß der Hormonspiegel im wahrsten Sinne des Wortes steigt und sie zu Vorsicht veranlaßt.

Ein allgemeines Warnsymbol, etwa aus dem Straßenverkehr, unterliegt bereits selbst wieder Abstumpfungseffekten durch Gewöhnung, ist aber auch wegen seines allgemeinen Charakters nicht ideal.

Viel besser erfüllt die gestellten Forderungen das sog. Wickelmännchen. Es gehört nicht nur auf die Welle, sondern an eine Stelle der Anleitung, wo es zu sehen ist, sobald diese zur Hand genommen wird. Noch wirkungsvoller wäre eine Plazierung, an der es neben der rotierenden Welle gesehen werden muß.

Dieses Beispiel dürfte einleuchten. Doch um es auf andere Fälle übertragen bzw. vor dem Gang ins Rathaus schon so schlau zu sein, ist ein wenig Psychologie erforderlich:

Leistungsverhalten sieht die Praxis in Abhängigkeit von Können und Wollen; die Psychologen sagen dazu Fähigkeit und Fertigkeit einerseits und Motivation andererseits.

Fähigkeiten sind stärker angeboren als erworben, jedoch nicht ausschließlich. Sie sind grundlegenderer Natur als die aufgabenspezifisch zu sehenden Fertigkeiten. Die Bedeutung beider für Leistungs- und Selbstschutzvermögen läßt sich ebenfalls nur aufgabenbezogen analysieren. Dazu gehört Kenntnis von

– der Art beider (Fähigkeiten und Fertigkeiten)
– den Anforderungen, die die Aufgabe an die Person stellt.

Ob die vorhandenen Fähigkeiten und Fertigkeiten aufgabengerecht eingesetzt werden, das hängt von der Situation bzw. präziser formuliert, von den Assoziationen ab, welche die situativen Signale in uns auslösen. Ausgelöst werden

– Bereitschaftsschwellen zum Abruf einzelner Reaktions- und Fähigkeitsmuster
– die Richtung des Verhaltens (z.B. Flucht oder Angriff)
– seine Intensität
– Zeitpunkt und Dauer.

Die Verknüpfung von Person und Situation heißt Motivation

Sie ist komplex und erst wenig erforscht; dafür gibt es um so mehr Ursachen-Theorien und Beeinflussungs-Rezepte (Think positiv!), ja regelrechte Motivations-Moden, die jeweils einen einzigen Faktor betonen, z. B.:

– Taylorismus: Bedürfnis nach Geld
– Human-relations: Bedürfnis nach sozialem Kontakt und Macht
– Humanistische Strömung: Bedürfnis nach Selbstverwirklichung.

Um nur zwei bekannte Theorien zu kennzeichnen:

Herzbergs 2-Fakten-Theorie ist dadurch verfälscht, daß die Befragten die Ursachen unangenehmer Ereignisse vorzugsweise fremden und die angenehmer Ereignisse sich selbst zuschreiben.

Die unausrottbare Maslow-Pyramide ist so schön einfach und einleuchtend, doch bis heute empirisch nicht zu bestätigen gewesen und auch kaum auf die Praxis umsetzbar.

Die Behauptung, daß sich nur situativ wirksam schützen läßt, ist also wissenschaftlich erhärtet, die Umsetzung eine kreative Aufgabe für erfahrene Generalisten.

Die Gretchenfrage „**Wie sicher ist sicher genug?**" wird von Anwalt, Konstrukteur, Kostenrechner und Marketingstratege aus ihrer verschiedenen Interessenlage heraus unterschiedlich beantwortet, muß aber auf einen Nenner gebracht werden. Der heißt optimale Gesamtlösung für das Unternehmen.

Das Minimum an Sicherheit wird durch Rechtsvorschriften markiert, die gegen das Unternehmen durchsetzbar sind und ökonomisch Verluste darstellen. Das Maximum technisch möglicher Sicherheit ist meist unwirtschaftlich. Das Optimum dazwischen sucht hohen Ertrag auf dem gewählten Niveau einsatzgerechter Eignung.

4 Rechtsrahmen
Haften für Anleitungen

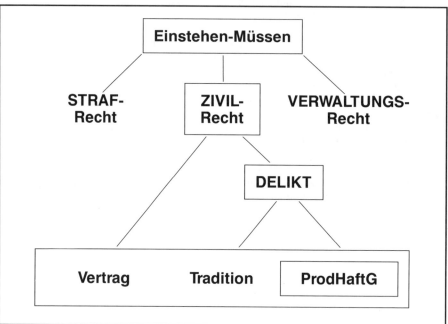

Haften ist ein Einstehen-Müssen für Fehlerfolgen von Rechts wegen, im Unterschied zu einem solchen aus Marktzwängen oder geschäftspolitischen Überlegungen.

Es gibt mehrere sich ergänzende, aber teilweise auch überlappende Haftungsgrundlagen. Für Informationsfehler kommen vor allem zivilrechtlich das Deliktrecht und entsprechende Schutzgesetze des Verwaltungsrechts in Frage.

Behandelt wird im folgenden das zivilrechtliche Haften für Schäden aus Anleitungsfehlern
- mit Verschulden, bei Verletzung von Instruktionspflicht bzw. Schutzgesetzen
- ohne Verschulden nach dem ProdHaftG.

4.1 Haften mit Verschulden

Verletzung von Instruktionspflicht (BGB § 823 Abs. 1)

Für Folgen aus eigenen Fehlern haften Hersteller und Händler dem Geschädigten zivilrechtlich auf vertraglicher und auf außervertraglicher Basis (Letzteres wird auch deliktisches oder gesetzliches Haften genannt).

Traditionelle Grundlage der außervertraglichen Haftung **mit** Verschulden ist § 823 (1) BGB. Er bestimmt, daß derjenige, der vorsätzlich oder fahrlässig den Körper, die Gesundheit oder das Eigentum eines anderen rechtswidrig verletzt (also z. B. nicht der operierende Arzt) diesem den daraus entstandenen Schaden ersetzen muß. Daraus hat die Rechtsprechung in bezug auf Schädigungen durch Produkte den Grundsatz abgeleitet, daß derjenige, der Gefahrenquellen schafft und in Verkehr bringt, die notwendigen Vorkehrungen zum Schutz Dritter zu treffen hat. Zur Strukturierung der Produkthaftung wurden bestimmte Gefahrenabwendungspflichten definiert. Die Anleitung zählt zum Pflichtenkreis der Instruktionshaftung (11/28, 35).

Gerichtsurteile wegen Anleitungen betreffen fast nur Hersteller. Die Gefahrenabwendungspflichten des Händlers/Importeurs werden erst betroffen, wenn die Anleitung fehlt, nicht in Deutsch oder nur einem unverständlichen Deutsch vorliegt, nationale Vorschriften und Normen verletzt oder andere Fehler enthält, die für einen Fachhändler offenkundig sein müssen.

Beispielsweise kam es im **Betonmischer-Fall** (11 R/19) zu einer Haftung des Fachhändlers wegen einer unvollständigen Gebrauchsanweisung des Herstellers; erschwerend wirkte sich aus, daß die Anleitung mit dem Firmenstempel des **Händlers** versehen war.

Das **Dichtungsmasse-Urteil** (11 R/134) trennt **Vertrags- von Delikthaftung.** Das Produkt war entgegen der Gebrauchsanleitung ungeeignet zur Glasfalzversiegelung. Doch die der Glaserei entstandenen Schäden waren reine Vermögensschäden in Gestalt von Nachbesserungsarbeiten und diese sind nur vertraglich, aber nicht außervertraglich einklagbar.

Das BGH-Urteil zu einem **Insektenvernichtungsmittel** (11 R/2) verpflichtet den Hersteller, die **Grenzen der Anwendbarkeit** seines Produktes deutlich aufzuzeigen und vor den Gefahren eines Überschreitens zu warnen.

Im Fertighaus-Urteil (OLG Düsseldorf 4 U 29/88) haftet die deutsche Vertriebsgesellschaft französischen Herstellers als Herausgeber der Anleitung und weil sie nicht vor einer Fehlverwendung gewarnt hatte, die bei der Konstruktion naheliegt und von der sie Kenntnis besaß.

Gebotsschild (GS) nach DIN 40 008, Teil 5

GS 1   Vor Öffnen Netzstecker ziehen

(blauer Grund)

Aus einer Gebrauchsanleitung für Haartrockner
nach DIN 57 720, Teil 1

Vorsicht! NICHT in der Badewanne, Dusche oder über gefüllten Waschbecken benutzen!

Dieses Bildzeichen ist außerdem auf dem Gerät

Überhaupt betrifft die Mehrzahl der Urteile zur Instruktionspflicht fehlende, falsche oder unzureichende Warnungen, freilich vielfach am Produkt und nicht in der Anleitung.

Im **Haartonicum-Fall** (5/144) ging es u. a. darum, daß die **Warnung vor** dem seltenen Restrisiko allergischer **Nebenwirkungen** zwar den Anleitungen der Einzelpackungen für Endkunden, nicht aber denen der Großpackungen für Friseure zu entnehmen war. Der berufsunfähig gewordene Friseurmeister obsiegte, denn der Hersteller konnte nicht nachweisen, daß der Kläger auch in Kenntnis der vollen Tragweite seiner Gefährdung so gehandelt hätte. **Anleitung** mit Warnung **muß den Gefährdeten erreichen.** Das unterstreicht der **Fußbodenklebemittel-Fall** (11 R/11). Der Hersteller konnte nicht beweisen, daß die Verlegungsanleitung den Handwerker erreicht hatte. Seitdem werden bei verschiedenen, dafür kritischen Produkten die Anleitungen für den Versand an dem Produkt befestigt und dies u. U. in der Ausgangskontrolle dokumentiert.

Im Fall der **Kühlmaschine** (11 R/13) kam es zu einem Personenschaden, weil ein Ventil während des winterlichen Stillstands nicht geschlossen worden war. Zwar enthielt die Betriebsanleitung solch einen **Hinweis,** doch als **Warnung** war dies **unvollständig,** denn es fehlte die Darlegung der Gefahren die drohten, wenn das Ventil geöffnet blieb.

Der **Schnellmischer-Fall** (2/54) unterstreicht, daß vor naheliegenden Fehlbedienungen zu warnen ist. Die beklagte Maschinenfabrik M hatte an die Fa. F einen Schnellmischer für eine Trockenputzherstellungsanlage geliefert. Bei Reinigungsarbeiten an der Mischtrommel verunglückte ein bei der Fa. F beschäftigter Arbeiter tödlich; während der Arbeiter bei ausgeschalteten Motoren und offener Bodenverschlußklappe mit dem Oberkörper in der über ihm befindlichen Mischtrommel stand, schloß sich plötzlich der Verschlußdeckel und klemmte den Arbeiter ein.

In der Bedienungsanleitung stand: „Vor Ausführung von Reparaturarbeiten am Mischer sind Vorkehrungen zu treffen, daß während der Ausführung der Arbeiten weder Motore noch Pneumatikzylinder eingeschaltet werden können ..." Diese **Anweisung** ist **nicht ausreichend.** Bei dem beschriebenen Vorgehen könnte die Reinigung nur bei geschlossenem Deckel durchgeführt werden. Da aber eine Reinigung bei offenem Deckel nahelag, hätte die Beklagte Hinweise für einen solchen Fall geben müssen. Denn es war für durchschnittliches Bedienungspersonal nicht ohne weiteres ersichtlich, daß der Deckel bei Stromabschaltung oder Stromausfall sich selbständig schloß und daß deshalb eine Reinigung bei offenem Deckel zu unterlassen war oder nur nach Blockade und Stromabschaltung danach vorgenommen werden durfte. Dazu hätte es des Studiums der Schaltpläne bedurft.

Das Urteil macht deutlich, daß eine Anleitung sich nicht nur auf die Produktnutzung in der ungestörten Gebrauchsphase beschränkt:

„... Ein Hersteller hat dafür zu sorgen, daß die Produkte, die er dem Markt zuführt, verkehrssicher sind. Er hat deshalb durch klare **Bedienungsanleitungen** Gefahren, die sich durch Gebrauch, **bei Wartungs-, Reinigungs- oder Reparaturarbeiten** ergeben können, zu mindern und vor spezifischen, nicht ohne weiteres erkennbaren Gefahren zu warnen ..."

Das **Lenkradverkleidungs-Urteil** (11 R/129) begründet die Erweiterung der **Warnpflicht auf Fremdzubehör,** das durch die Funktionspaarung die sichere Nutzung des eigenen Hauptproduktes beeinträchtigt. Diese Warnung ist nicht produktgebunden, sie kann grundsätzlich für sicherheitsbeeinträchtigende Kombination notwendig sein, schon um beizeiten Anwender zu schützen. Dies gilt ganz **besonders, wenn** diese erkenntlich die betreffenden **Risiken** subjektiv bzw. **gruppenspezifisch unterschätzen.**

Damit ist die Fallgruppe angesprochen, bei der es um Abgrenzung der Hersteller- und der Anwenderverantwortung geht. Denn **die Warnpflicht des Herstellers endet, wo die Anwenderverantwortung beginnt.**

Anwender-Haftung

> Auch Anwender unterliegen
>
> 1– Gesetzlichen Auflagen
> 2– Gefahrenabwendungspflichten
>
> Doch Anwender hat R e c h t auf
> Un-Informiertheit und In-Kompetenz

> Hersteller: P f l i c h t
> situativ aufklärend
> Schutzdefizite auszugleichen
>
> Ergebnis:
> Eine Vielfalt von Möglichkeiten
> haftungsrelevante Fehler zu machen

Das **Estil-Urteil** (11 R/36) ist lehrreich in bezug auf diese Schnittstelle.

Das Kurz-Narkosemittel ESTIL wurde einer Patientin von einem Arzt versehentlich intraarteriell statt intravenös injiziert. Dies hatte wegen der absoluten Arterienunverträglichkeit des Medikaments den Verlust des betreffenden Arms zur Folge. Die von der Patientin gegen den Hersteller von ESTIL gerichtete Schadenersatzklage hatte Erfolg.

Aus der Urteilsbegründung:
„Der Hersteller muß **vor besonderen, über das Wissen des repräsentativen Benutzers hinausgehenden Gefahren warnen, auch wenn dies nachteilig** für den Absatz seiner Produkte **sein könnte.**" Dies **gilt** nicht nur für den naheliegenden Mißbrauch, sondern auch **für** den Fall einer **versehentlichen Fehlanwendung,** nicht aber für den Fall einer absichtlichen Fehlanwendung (vgl. das Sniffing-Urteil 11 R/67).

Warnungen müssen nicht nur **deutlich, verständlich** und **erkennbar,** sondern auch **vollständig** und ggf. **eindeutig** sein, d. h. insbesondere die Gefahr im Nichtbeachtensfall nennen. Ob auch der behandelnde Arzt schuldhaft gehandelt hatte, war in diesem Fall so lange unerheblich, als dessen Fehlleistung gerade auf der unzureichenden Warnung des Herstellers beruhte.

Der Fall des **Überrollbügels** (11 R/116) beschreibt besagte Schnittstelle wie folgt:
Der Hersteller braucht **nicht auf Gefahren hinzuweisen, die dem Abnehmer ohnehin bekannt sind oder die ihm zumindest bekannt sein müssen**. Abnehmer des Überrollbügels war hier ein Fachbetrieb. Aus der beiliegenden Montageanleitung ging eindeutig hervor, daß alle drei Rohre miteinander verschraubt werden mußten. Ein Hinweis darauf, daß bei Nichtbeachtung der Montageanweisungen Gefahren entstehen, war entbehrlich, da dies für erfahrene Monteure eines Fachbetriebs selbstverständlich ist.

Die Anforderungen an die Pflichten des Herstellers, auf Produktgefahren hinzuweisen, bestimmen sich nach dem **Erfahrungs- und Wissensschatz der jeweiligen Abnehmerkreise.**

Das Urteil zum Überrollbügel lieferte noch eine weitere wichtige Regelung: Hat der Hersteller durch frühere falsche Instruktionen Gefahren heraufbeschworen, genügt es nicht, daß er nunmehr richtige Instruktionen erteilt. Er hat darüber hinaus dafür zu sorgen, daß jeder frühere Abnehmer seines Produktes durch deutliche und nicht zu übersehende Hinweise auf die tatsächlichen Gefahren hingewiesen wird. Man könnte dies für den Praktiker als **Rückrufpflicht für Instruktionsfehler** bezeichnen.

Auch das oft zitierte **Spannkupplungs-Urteil** (11 R/744) läuft darauf hinaus, daß der Hersteller nicht über Gefahren instruieren muß, deren Kenntnis und Beherrschung er voraussetzen darf und das Erkennen von Abnutzung nach längerem Gebrauch zu den Sorgfaltspflichten des Anwenders gehört.

Positiv drückt ein OLG-Urteil (2/523) diese Regelung in einer Instruktionsklage zu einer Gas-Alarm-Selbstladepistole aus, wenn es feststellt: „Anleitungen dürfen Benutzer-Sorgfalt voraussetzen." Im einzelnen wurde ausgeführt: Die bestimmungsgemäße Benutzung ist nur der Kernbereich, daneben sind auch bestimmungswidrige bzw. **unsachgemäße Benutzungsarten zu berücksichtigen,** soweit der Hersteller Anlaß hat, damit zu rechnen, und es ihm zuzumuten ist, diese bei der Konstruktion bzw. der Instruktion zu berücksichtigen.

Die **Anforderungen** an die Hinweispflicht des Herstellers dürfen andererseits **nicht überspannt werden.** Denn grundsätzlich muß der, der eine Maschine, ein Werkzeug oder ein sonstiges Gerät anschafft, sich selbst darum zu kümmern, wie er damit umzugehen hat; es ist seine Sache, sich darüber zu unterrichten, wie es in der rechten Weise einzusetzen und zu handhaben ist. Unter dem Gesichtspunkt der Verkehrssicherungspflicht sind Hersteller nur dann genötigt, für die Belehrung der Abnehmer zu sorgen, wenn sie aufgrund der Besonderheiten des Geräts sowie der bei den Benutzern vorauszusetzenden Kenntnisse damit rechnen müssen, daß bestimmte konkrete Gefahren entstehen können.

Was auf dem Gebiet allgemeinen Erfahrungswissens der in Betracht kommenden Abnehmerkreise liegt, braucht nicht zum Inhalt einer Gebrauchsbelehrung gemacht zu werden.

Ist die Gefahr, die sich bei dem Kläger verwirklicht hat, für ihn ohne weiteres **erkennbar** gewesen, so liegen die bestehenden Gefahren für den Benutzer im Bereich seines **allgemeinen Lebensrisikos** und können dem Hersteller nicht angelastet werden, insbesondere läßt nicht jede entfernt liegende Möglichkeit einer Gefahr bereits Sicherungs- und **Warnpflichten** entstehen, denn **nicht jeder denkbaren Gefahr** muß durch vorbeugende Maßnahmen begegnet werden (BGHZ 80, 186). Die Benutzung einer derartigen Waffe biete eine derartige Vielzahl von Gefährdungen anderer Personen und der eigenen, daß diese unmöglich in einer Gebrauchsanweisung aufgezählt werden können.

Andererseits werden **Inhalt und Umfang einer Warnung** und auch ihr Zeitpunkt wesentlich **durch** das jeweils **gefährdete Rechtsgut bestimmt** und sind vor allem von der Größe der Gefahr abhängig. So muß ein Hersteller, wenn durch sein Produkt die Gesundheit oder die körperliche Unversehrtheit von Menschen bedroht ist, schon dann eine Warnung aussprechen, wenn aufgrund eines nicht dringenden oder ernstzunehmenden Verdachts zu befürchten ist, daß Gesundheitsschäden entstehen können.

Verletzung von Schutzgesetzen (BGB § 823 Abs. 2)

Der zweite Absatz dieser grundlegenden Norm macht deutlich, daß „widerrechtlich" insbesondere den Verstoß gegen ein Schutzgesetz bedeutet. Schutzgeräte in diesem Sinn sind die Unfallverhütungsvorschriften (UVV), das Gerätesicherheitsgesetz (GSG), die Spielzeugverordnung, das Lebensmittelgesetz, die Gefahrstoffverordnung u. v. a. Diese besagen zur Schnittstelle zwischen Hersteller- und Anwenderverantwortung vielfach recht genau, wer, wann vor welchen Gefahren zu warnen und welche Sicherheitsratschläge zu geben hat.

Im Urteil des OLG Karlsruhe zu den Anwendungsrisiken einer Motorsense (2/56) heißt es z. B.:

Wer es unterläßt, vor Ingebrauchnahme eines gefährlichen Geräts die **Bedienungsanleitung zu lesen und die Unfallverhütungsvorschriften nicht beachtet,** verletzt die Verpflichtung, sich selbst vor Schaden zu bewahren und muß im Rahmen des § 254 Abs. 1 BGB eine Verkürzung seiner Schadenersatzansprüche hinnehmen.

Außer den zivilrechtlichen können Verletzungen von Schutzgesetzen noch verwaltungsrechtliche Folgen in Gestalt von Ordnungs- und Bußgeldern, aber auch Freiheitsstrafen nach sich ziehen. Dies gilt sowohl für die unzureichende Warnung als die leichtfertige Anwendung z. B. für die Konstellation unzureichender Lüftung bei Klebern mit Verdünnern, die explosionsgefährdend sind.

Einzelne Schutzgesetze siehe 5.3.

4.2 Darstellungshinweise aus Rechtsprechung zu § 823 (1):

Unterweisung muß:
- Grenzen der Anwendbarkeit angeben (11 R/2)
- braucht allgemeines Erfahrungswissen nicht zu berücksichtigen, kann Berufssorgfalt voraussetzen, ist auf Gefährdung abzustellen (2/56, 523)
- muß vollständig sein (11 R/19) und vorhersehbare Störungen einschließen (11 R/15)
- auf Wissen und Erfahrung der Benutzer abstellen (11 R/116)
- auf Situationen (Art und Bedingungen des Gebrauchs) abstellen (11 R/124)
- Fehleinschätzungen der Zielgruppe mit Gefährdungs-Charakter entgegentreten (11 R/129)

Warnungen müssen:
- naheliegende Fehlbedienungen erfassen (11 R/54), auch wenn dies dem Absatz schadet (11 R/36)
- der Gefahr entsprechen (Feuergefährlich reicht nicht bei Entzündbarkeit) (11 R/6/124)
- den Benutzer auch bei Besitzerwechsel erreichen (11 R/144)

Keine Warnung bei:
- Offenkundiger Gefahr beim Stand der Technik (11 R/4)
- Bei nicht vorhersehbarem bestimmungswidrigem Gebrauch (11 R/67)
- UVV, deren Kenntnis bei gewerblichem Anwender voraussetzbar ist.

Darstellungshinweise aus Rechtsprechung zum UWG (EPH 85 ff)

- Vergleichende Angaben sind irreführend, wenn es unterlassen wird, falsche Eindrücke vom Bezugsmaß auszuräumen oder dieses mißverständlich gebraucht wird (DIN, Gütezeichen, Testergebnis)
- Pauschale Abwertung des Wettbewerbs, um dadurch die eigene Leistung in einem besseren Licht erscheinen zu lassen, ist unlauter
- Mehrdeutigkeit („leichter" Quark) ist unzulässig. Maßgebend ist nicht, was gemeint ist, sondern wie es verstanden werden kann
- „Bewährt für" weckt den Eindruck einer Gebrauchstauglichkeit, die nicht erfüllt wird, ist also mißverständlich und wurde deshalb untersagt
- Lesbarkeit hängt nicht nur von der Schriftgröße, sondern auch weiteren Umständen wie Wort- und Zeilenanordnung, Gliederung, Papier und Farbe ab. Weil die Pflichtangaben diesen Anforderungen des Heilmittelgesetzes nicht genügten, kam es zu Androhung eines Ordnungsgeldes von DM 500 000,–
- Benutzter erheblicher Angaben zur Produktwirkung, die nicht wissenschaftlich nachprüfbar sind, sind unzulässig
- Suggestion von Umweltschutz und Gesundheit sind unzulässig; wegen der emotionell hohen Bereitschaft müssen entsprechend strenge Maßstäbe an eine Irreführungsgefährdung gelegt werden. Z. B. kann der Blaue Engel nur relative Umweltfreundlichkeit bescheinigen und Bezeichnungen wie „bio" oder „neutral" bei Käufern falsche Erwartungen auslösen
- Objektiv richtige Angaben, die einen in Wirklichkeit nicht vorhandenen Vorzug suggerieren, verstoßen gegen das Wettbewerbsrecht
- Die Darstellung darf keine Sicherheit vortäuschen, die nicht gegeben ist
- Verführung zur Selbstgefährdung ist je nach Rechtslage unmoralisch, mit Warnpflicht belegt, über Schutzgesetze sind bestimmte Warnungen vorgeschrieben (z. B. Zigaretten) oder das Inverkehrbringen ist sogar verboten für Erzeugnisse, die mit Lebensmitteln verwechselbar sind und die Gesundheit oder Sicherheit von Verbrauchern gefährden können
- Angaben, auf die der Käufer wert legt, unterliegen einem Wahrheitsschutz (z. B. Fertigung nach DIN oder Zusammensetzung).

4.3 Haften ohne Verschulden (ProdHaftGesetz)

„Ohne Verschulden" bedeutet, es kommt nicht mehr auf die Sorgfalt des Herstellers zur Vermeidung des schadenstiftenden Fehlers an, sondern nur noch darauf, daß dieser beim Inverkehrbringen vorlag. Der Beweis dafür ist bei Anleitungsfehlern in der Regel nicht allzu schwierig. Der Kläger muß dann nur noch Kausalität zwischen seinem Schaden und dem Instruktionsfehler außerhalb seiner Sorgfaltspflichten (er haftet weiter verschuldensabhängig bzw. verwaltungsrechtlich) nachweisen (11/40 a, EPR 67).

Besonders wichtig aber ist, daß

1 – Die **„Darbietung"** (der Anleitungen zuzurechnen sind) ausdrücklich neben dem Produkt als Fehlerquelle benannt ist.

2 – Der **Fehler** aus den Rechten des Anwenders (und nicht mehr den Pflichten des Herstellers) abgeleitet wird:

§ 3 des Produkthaftungsgesetzes: „Ein Produkt hat einen Fehler, wenn es nicht die **Sicherheit** biete, **die** unter Berücksichtigung aller Umstände, insbesondere

- seiner **Darbietung**
- des **Gebrauchs mit** dem **billigerweise gerechnet werden kann,**
- des Zeitpunkts, in dem es in den Verkehr gebracht wurde, **berechtigterweise erwartet werden kann".**

Für Schäden an gewerblichen Sachen ist allerdings nicht das ProdHaftG, sondern nach wie vor alleine der § 823 BGB zuständig. Dies erklärt sich aus dem Verbraucherschutz-Charakter dieses neuen Gesetzes. Es ist also nur anwendbar auf:

- **alle Personenschäden**
- **Sachschäden an** überwiegend **privat genutzten Sachen**

aus Fehlern insbesondere auch von Anleitungen und Warnungen bzw. Schutzhinweisen.

Dem Leser wird nicht entgangen sein, daß die bisherige Rechtsprechung diese Gesetzgebung bereits weitgehend vorweggenommen hat, so daß trotz anderslautender Beweisführung kaum einschneidende Veränderungen in der Urteilsfindung zu erwarten sind. Urteile gibt es allerings z.Zt. noch keine.

Hypothetisch wächst dem Händler (im Außenverhältnis, das jedoch regreßfähig ist) die Darbietungs- und damit Anleitungs-Haftung dort zu, wo er zum Quasi-Hersteller wird, also z.B. für Importe in den EG-Raum. Der Vater der PH-Richtlinie, Taschner, bemerkt in seinem Kommentar:

- Das Haften für Instruktionsfehler läßt sich auch über Verschulden befriedigend lösen. Zwecks Einheitlichkeit der Regelung und Vermeidung von Abgrenzungsproblemen wurde sie jedoch mit aufgenommen.
- Der Instruktionsfehler begleitet das Produkt ab seinem Inverkehrbringen (und ist ein „Serienfehler").
- Die Darbietung darf nicht dazu mißbraucht werden, die Haftung zu begrenzen (Art. 12). Unzulässig – weil zu allgemein – wären deshalb Formulierungen wie: „Für ältere Leute ungeeignet", „Darf nicht von Schwangeren verwendet werden" oder „Nur auf eigene Gefahr".
- Die Warnung muß darauf hinauslaufen, daß jemand, der trotz ihr zu Schaden kommt, diese Gefährdung bewußt in Kauf genommen haben muß.

In USA unterliegen Anleitungen schon geraume Zeit auch einer Haftung ohne Verschulden (strict liability). Doch die zur Verhandlung gekommenen Fälle (5/161) zeigen: Der Anspruch ist möglicherweise einfacher durchsetzbar, aber das Ergebnis wäre bei Verschuldenshaftung gleich gewesen. Dies gilt lediglich für wenige Fälle nicht, die eine „state-of-art"-Entlastung sinngemäß auch für Instruktionsfehler nicht gelten ließen. Im Meilenstein-Fall „Beshada" ging es um 6 Asbestos-Erkrankungen. Die Revision ließ das Argument der Verteidigung nicht gelten, zum damaligen Zeitpunkt (1969) hätte man nicht warnen können, da die Gefahr nach dem Stand von Wissenschaft und Technik noch nicht erkannt gewesen sei. Diese Entlastungsmöglichkeit ist zwar im ProdHaftG der BRD, doch nicht aller EG-Länder vorgesehen (9/I/III).

Je näher ein Glied der Lieferkette zum Kunden liegt und je mehr dessen Unkenntnis der Aufklärung, Instruktion und/oder Warnung bedarf, um so differenzierter sind diese Pflichten zu sehen. Dies wirkt sich bereits auf die Funktionen Außendienst und Service des Herstellers aus, gilt aber erst recht für den Fachhandel (EPH 55).

Von Gebrauchsanleitungen und Warnungen, die dem Produkt ohne Kenntnis der spezifischen Einsatzbedingungen und individuellen Abnehmervoraussetzungen beigefügt werden, kann nur verlangt werden:

- die Einhaltung von Schutzgesetzen und Vorschriften;
- allgemeine Aufklärung der anvisierten und möglichen Benutzergruppen;
- Warnung vor dort vorgekommenen und voraussehbaren Gefährdungen, dies allerdings bei schwerer Personenbedrohung auch schon im Bereich geringer Wahrscheinlichkeiten.

5 Was tun? Wie vorgehen?

5.1 Korrektur von Meinungsklischees

Die Gestaltung von Anleitungen – vergleichbar und korrespondierend mit der Entwicklung und Konstruktion des dazugehörenden Produkts – ist augenscheinlich eine interdisziplinäre Aufgabe hoher Komplexität. Sie muß nicht nur Restrisiken des Produkts entschärfen, sondern auch ungewolltes Selbstgefährdungsverhalten der Anwender nachhaltig und sicher beeinflussen. Eine sehr anspruchsvolle Aufgabe. Die Forderungen, die zu ihrer Erfüllung meist genannt werden, sind genaugenommen Merkmale der Ausführungsqualität, wie z. B. verständlich, lernlogisch, bildhaft. Fachleute, wie Ingenieure, Marketingexperten oder Anwälte, sind in der Regel Laien in für sie fachfremden Belangen, etwa der Psyche oder Kommunikation (analog zu fehlenden Kenntnissen ihrer Kunden zum Umgang mit ihrer Disziplin). Dadurch verwechseln sie z. B. immer wieder die Einhaltung fachfremder Merkmale mit dem diesen vorgeordneten Gestaltungskonzept und „übersehen deshalb den Lunker, weil die Maße stimmen". Ohne **Erfassung solcher Zusammenhänge und Ganzheitlichkeit** sind Merkmals- und Checklisten geradezu selbstgefährdend, weil die situative oder individuelle Abweichung vom Normierbaren nur auf diese Weise entdeckbar und vermeidbar ist.

Naive Betrachtung neigt deshalb dazu, die Bedeutung einzelner Merkmale zu überschätzen. So gibt es selbst in Fachzeitschriften immer wieder Veröffentlichungen, die den Eindruck erwecken, eine verständliche sei schon eine gute Gebrauchsanleitung. Gewiß, Unverständlichkeit kann ein Schwachpunkt sein; aber solche Vereinfachung kann auch dazu verleiten, andere Qualitätsmerkmale erst gar nicht wahrzunehmen.

Eine Darstellung kann verständlich sein und dennoch

... falsch: Eine elektrische Nudelmaschine, die laut Anweisung nach der Benutzung in heißem Wasser gespült werden soll, läßt sich nie mehr benutzen, weil die Elektrik zerstört wird.

... unpassend: Dieselbe Anleitung für verschiedene Modelle; man sucht vergebens.

... gefährlich: Zu allgemeine Gefahrenhinweise oder Zitat von Unfallvorschriften lassen spezielle Gefahren nicht erkennen.

... irreführend: „Wartungsfrei" hat ein Ford-Kunde wörtlich verstanden; der Schadenersatz betrug 5 Mio Dollar.

... unvollständig: Ventile sollen lt. Anleitung zum Stillegen geschlossen werden; doch es fehlte der Hinweis auf die Gefahr, falls dies nicht geschieht; Schuldspruch wegen fahrlässiger Tötung durch ein deutsches Gericht.

Doch alle diese Merkmale beschreiben im Grunde nur, wie die erforderliche Botschaft vom Sender oder auf dem Weg zum Empfänger verzerrt wird.

Viel zu wenig Beachtung finden hingegen die Speicher-, Selektions- und Interpretationsmuster der Empfänger. Sie stellen für die Gestaltung hinweisender Sicherheit einen wesentlichen Risikofaktor dar. Psychologischer Sachverstand vermag diesen jedoch im Rahmen der anstehenden Aufgabe zufriedenstellend zu entschärfen. Einhaltung meßbarer Sicherheitsauflagen der Schutzgesetze (z. B. die Lärmemission oder Gefahrstoff-Kennzeichnung) ohne Berücksichtigung dieser psychologischen Komponenten kann leicht zu Schadensfällen führen, wobei es sekundär ist, ob die Schäden auf dem Rechtsweg oder über Marktsanktionen zu Verlusten führen.

In der Urteils-Begründung zum Zinkotom-Spray (11 R/125) heißt es bezüglich der Gebrauchsanleitung auf der Dose:

„Bestehen gesetzliche Bestimmungen über Art und Umfang der Instruktionspflichten, so können solche Bestimmungen zwar die Sorgfaltspflichten konkretisieren; der Hersteller kann sich aber nicht darauf verlassen, daß er bei Beachtung dieser Bestimmungen alles Erforderliche getan hat. Ebenso wie bei den Konstruktionspflichten des Herstellers ist auch bei den Instruktionspflichten jeweils konkret auf das Produkt und den Abnehmerkreis abzustellen. **Der Hersteller muß** also, **wenn es das konkrete Produkt erfordert, mehr tun, als von ihm gesetzlich verlangt ist.** Das hat seinen Grund darin, daß Gesetze oft zu weitgefaßt sind und somit nur Minimalanforderungen an den Hersteller stellen. So war es auch im konkreten Fall. Die ‚Druckgasverordnung', der die Warnung auf der Spraydose entsprach, bezieht sich allgemein auf Sprays. Da es aber unterschiedliche Arten von Sprays gibt, die bei ihrer Anwendung unterschiedliche Gefahren hervorrufen, müssen die Anforderungen an die Warnhinweise vom jeweiligen Spray abhängen. Die Anforderungen etwa bei Haarspray, Trocken-Shampoo, Lack-Spray für Pkw's etc. sind jeweils vom konkreten Spray, der Anwendungsart und dem Abnehmerkreis unterschiedlich. Beim Zinkotom-Spray bezogen sich die Warnhinweise nur auf die Brennbarkeit des Doseninhalts selbst. Ein Hinweis darauf, daß beim Versprühen des Sprays ein explosives Gemisch entstand, war dagegen nicht auf der Dose gegeben. Der Hersteller mußte aber damit rechnen, daß das Spray in engen Räumen verwendet wurde, sich das Gemisch also nicht sofort verflüchtigen konnte."

In unserer Darstellung bedeutet dies: Vergleichsmaßstäbe und Urteilsbildung der Zielgruppe können vorhersehbar zu Fehlgebrauch mit schweren Folgeschäden führen.

Psychologische Anleitungen sensibilisieren nicht nur die Wahrnehmung und Urteilsbildung für gefährdende Situationen, sie vermitteln dem Anwender auch eine positive Einstellung der „Geborgenheit" zur Marke bzw. dem Hersteller, etwa: „Der bemüht sich, auf die Produkte ist Verlaß!" Beeinflußt wird dies noch durch die gebrauchsbegleitende Betreuung.

Beliebt sind in der Marktforschung Typologien. Falls eine solche für die Anleitungspraxis überhaupt brauchbar sein sollte, wird in der Zielgruppe stets eine Mischung verschiedener Typen vorliegen. Es wäre verhängnisvoll, nur einzelne zu berücksichtigen. Der Nutzen solcher Typologien liegt vielmehr darin, daß sich das „Sowohl-als auch" des abzudeckenden Gesamtfeldes effizienter akzentuieren läßt.

Dazu zwei Beispiele: „Learning by doing" und „idiotensicher anleiten":

Die meisten Anwender erweisen sich in der Anfangsphase als bemerkenswert ungeduldig. Sie wollen möglichst schnell und ohne Umschweife feststellen:

- ob das Produkt überhaupt funktioniert = erstes Erfolgserlebnis,
- ob das Produkt ihnen den erwarteten Nutzen bringt = entscheidendes Erfolgserlebnis.

Anwender sind bemerkenswert bequem, wollen „ökonomisch" vorgehen, mit einem Minimum an Aufwand den erwarteten Nutzen erzielen.

Daraus wird nun abgeleitet, der Anwender wolle weder denken noch lesen, sondern möglichst gleich handeln, d. h. direkt mit dem Produkt kommunizieren. Die Darstellung heißt „**learning by doing**" zum Unterschied des herkömmlichen „learning by reading"; bei diesem werden die Funktionen erklärt, das Angelesene verarbeitet, gespeichert und erst dann versucht, das Produkt zu „steuern".

Doch wieso eigentlich doing **oder** reading? Vester hat in seinem „Denken, Lernen, Vergessen" gezeigt, daß Gelerntes auf vielfältige Weise in uns „verankert" wird, je nach Ausprägung mehrere Lerntypen unterschieden und letztlich empfohlen, verschiedene Lernmuster gleichzeitig zu bedienen, weil dies die Lerneffizienz des einzelnen erhöht. Das bedeutet nebeneinander und sich stützend verbal, bildlich, handelnd, Neues alt verpacken, Struktur für Details anbieten, Assoziationen anbieten.

Vesters Erkenntnisse verdeutlichen aber auch, wo gedruckte Anleitungen ihre Grenzen haben. Bei manchen Taschenrechnern weckt bereits das Volumen der Anleitung Benutzer-Ängste. Zur Betriebsanleitung komplizierter Technik werden deshalb zunehmend moderne kommunikative Technologien wie Video oder sowieso integrierte Bildschirme (z. B. bei Medizingeräten) herangezogen. Für PC's gibt es inzwischen Gerätekonsolen für den Einschub von Kassetten, die komplizierte Anleitungen überflüssig machen.

Die Forderung nach **idiotensicheren** Gebrauchsanweisungen verrät gleich zwei Falscheinstellungen:

(1) Risikoblindheit aus fehlender Kenntnis, Erfahrung oder Fertigkeit mit einem Ausdruck zu belegen, der dem Kunden Dummheit bescheinigt, das straft jede Marktorientierung Lügen.

(2) Risikoblindheit vermag auch aus Freude am Risiko bzw. starkem Lustempfinden am Nutzen zu entstehen. Dies führt zu einem Fingerzeig ganz anderer, nämlich motivationeller Art.

Das Feld möglicher Einstellungen zur Sicherheit läßt sich stark vereinfacht durch 3 Eckpunkte abstecken:

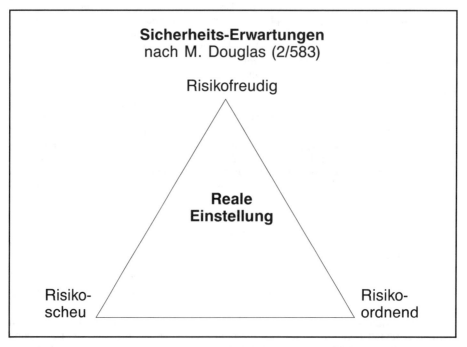

Der persönliche Ausgangsstandort in diesem Dreieck hängt von Anlagen, Erziehung und Lebenserfahrungen ab. Anleitungen müssen deshalb möglichst viel der Dreieckfläche abdecken, um möglichst viele Einstellungen zu erreichen und nicht nur die häufigsten oder gefährdetsten. Doch der Ausgangs-Standort verschiebt sich unter informativen-situativen Einflüssen, wenn diese genügend intensiv sind und sogar dauerhaft (Lernen!), wenn sie einprägsam genug sind. Das ist der Ansatzpunkt, der sich anbieterseitig nutzen läßt, um den Umgang mit dem Produkt sicher und das Verhältnis zum Kunden dauerhaft gut zu gestalten.

Es wurde schon mehrfach darauf hingewiesen, daß hinweisende Sicherheit und die Gestaltung eine interdisziplinäre Aufgabe ist; sie verlangt im Prinzip sogar Fachkenntnisse, die normalerweise auch in großen Untersuchungen nicht vorhanden sind oder nicht hinzugezogen werden wie Sozialpsychologie, Risiko-Management oder Medientechnik.

Die Integration unterschiedlichster Qualifikationen erfordert zunächst Teamarbeit. In der Pharmaindustrie ist das überdisziplinäre Gremium zur Abfassung von Gebrauchsinformationen schon lange eingeführt (8/25). Doch Mittelständler sind, wenn sie Lehrgeld vermeiden wollen, vielfach auf Dienstleister angewiesen und da gibt es nur sehr wenige mit ausreichendem, überdisziplinärem Know-how.

Als 1987 nach einer Verbraucherschutz-Anfrage im Bundestag zu Gebrauchsanleitungen Defizite an die Öffentlichkeit kamen, wurden anschließend mehrere „Studios für Gebrauchsanleitungen" eröffnet. Eine Fachzeitschrift kommentierte ihren Besuch in einem davon: „Die beiden Gründer bringen optimale Voraussetzungen mit, denn sie haben keine Ahnung von Technik und Marketing. Aber sie können sich hervorragend in die Situation eines Verbrauchers versetzen und die hochgestochenen Formulierungen von Technikern und Verkäufern in ein normales Deutsch übersetzen, denn beide sind gelernte Hausfrauen." Der Fachhorizont solch eines Autors ist eine Zumutung. Wer im übrigen meint, durch Delegation der Gebrauchsanleitung auch seine diesbezügliche Haftung abwälzen zu können, der irrt gerade dann, wenn er qualifizierte Dienstleister engagiert. Denn wenn diesen keine „Kunstfehler" unterlaufen, haften sie nicht für Folgeschäden, eben weil sie keine Produkte oder Werke herstellen, jedenfalls zur Zeit ist dies noch so.

Abschließend sei noch ein Blick auf die Entstehungsgeschichte einer Gebrauchsanleitung und die Sicherung ihrer Qualität geworfen. Die herkömmliche Erstellung ist eher zufallsbedingt, spielt sich unmethodisch und häufig unter Zeitdruck ab. Bewährt haben sich hingegen: Die Benennung einer Projektleitung mit mehrdisziplinärem „Autorenteam", eine Strategie „vom Groben zum Detail" sowie mehrere Konkretisierungsstufen innerhalb eines Zeitplans. Handelt es sich um eine Neugestaltung, sollten Technik und Anleitung simultan entwickelt werden; die Abstimmung ist bereits Bestandteil des Pflichtenheftes. Das vermeidet Fehler, spart Umwege, hebt die Sicherheit der Problemlösung, macht sie überzeugender.

Die Anleitung ist federführend für die hinweisende Sicherheit. Doch ihre verschiedenen Instrumente wollen auch untereinander abgestimmt sein (Kommunikations-Review). Es empfiehlt sich dafür eine Liste der Aussagen und Qualitätsmerkmale anzulegen, auf die es besonders ankommt, um sie vorgeben, einhalten und prüfen zu können.

5.2 Beispielsweise so:

Ein Importeur für Autogas-Anlagen gab einem Außenberater für Produktsicherheit nach einem kostenfreien Kontakt- und Abstimmungsbesuch folgenden Auftrag:
– Formulierung des neuen Sicherheitskonzepts
– Rundschreiben an Vertragswerkstätten
– Qualitäts-Sicherungs-Vereinbarungen mit diesen
– Überarbeitung der **Betriebsanleitung** mit **Übernahmebestätigung** der Garantiekarte und einer Kunststoffmerkkarte für Verhalten bei Störungen
– Abstimmung von Prospekt und Werbung auf das neue Sicherheitskonzept
– Klärung der Gewährleistungs- und Haftungsverhältnisse mit dem Hersteller.

Zur Gliederung der **Betriebsanleitung** wurde im Auftragsschreiben festgehalten:
+ Nach DIN 8418 wird wie folgt reduziert und umbenannt ...
+ Vorangesetzt wird zusätzlich ein Abschnitt: „Zu Ihrer eigenen Sicherheit!"
+ Die Übernahmebescheinigung ist für den Fall des Weiterverkaufs 3fach und heraustrennbarer Teil der Anleitung.
+ Die Inspektions-Bescheinigung ist fester Bestandteil der Anleitung.
+ Regionale Telefon-Nummern für kostenfreien Anruf bei Störungen auf hinteren Umschlag außen.

Zur Darstellung des Themas Sicherheit wurden u. a. folgende Auflagen festgehalten:
+ Eine Liste zu vermeidender unsachgemäßer Verhaltensweisen, ebenso eine Liste gesetzlicher Anwenderpflichten und Selbstschutzempfehlungen.
+ Ver- und Gebote (Achtung!) sind dem jeweiligen Betriebsschritt voranzustellen, farbig zu unterlegen und mit Piktogramm als Blickfang auszustatten.
+ Eingriffsmöglichkeiten mit hohem Gefahrenpotential werden an der Anlage durch gleiche Piktogramme gekennzeichnet.
+ Die Garantiekarte koppelt Gewährleistungs- und Schadenersatzrechte an Einhaltung der aufgeführten Anwender-Sicherheitspflichten.
+ Das Übernahmedokument bestätigt die Funktionsfähigkeit nach Vorführplan, die ordnungsgemäße Einweisung und Übergabe der Anleitung sowie den Namen des Einweisers.
+ Das Übergabe-Protokoll enthält Meßwerte und Name des Prüfers.
+ Folgenden verbreiteten Vorurteilen und Befürchtungen ist an geeigneter Stelle überzeugend durch entsprechende Sicherheitsfakten zu begegnen ...

Zur **Bewertung von Betriebsanleitungen** verwendet eine große Einkaufsgenossenschaft für mittelständische Fachhändler folgendes **Audit:**

Sicherheit:
- Selbstschutz-Arbeitserfordernisse eingangs und einprägsam dargestellt.
- Bestimmungsgemäße Nutzung klar abgegrenzt, vollständig und unterteilt (Inbetriebnahme, Bedienung, Pflege etc.).
- Hinweisende Sicherheit entspricht Zielgruppen und dem neuesten Stand.
- Technische Gefahrenstellen sind als Teilbild u/o Piktogramm wie am Produkt selbst hervorgehoben.
- Verhaltens-, Rest- und Umfeld**risiken** sowie **sachwidriger Gebrauch** sind in der betreffenden Handlungsphase hervorgehoben.
- **Beide** sind als Warnungen gestaltet, d.h. sind kenntnisgerecht, lassen Natur und Schwere der unmittel- und mittelbaren Gefährdung erkennen, zeigen Vermeidungs-Verhalten auf.
- Schutzeinrichtungen, Zubehör und Notfälle sind zugriffsfreundlich in gesonderten Abschnitten zusammengefaßt.
- Stichwortzugriff.

Aufbau:
- übersichtlich
- folgerichtig, hinführend
- erwartungsbezogen
- verstehbare Schrittgrößen

Kommunikation:
- ansprechender Ersteindruck (für Zielgruppen)
- Ausgewogenheit zwischen Schrift, Bild, Symbol, Tabelle, Abläufen (Lerntypen)
- Bezug zu Vorstellungen Zielgruppe
- Beantwortung von vorhersehbaren Fragen und Verständnisproblemen

Prägnanz:
- Beschränkung aufs Wesentliche
- Auf einen Blick erfaßbar
- Knapp, aber klar ausgedrückt
- Unvermeidliche Fach- und Fremdworte erklärt
- Durchgängigkeit der Bezeichnungen
- Unmißverständliche Zuordnungen

Stimulanz:
- Rasche Erfolgserlebnisse durch ersten, einfachen Produkteinsatz
- Anleitungen, sich von Erfüllung wichtiger Kaufmotive zu überzeugen, wie: Sicher, sparsam, Zeitgewinn, umweltfreundlich, Prestigezuwachs, neue Nutzungsmöglichkeiten
- Vermittlung einer Grundeinstellung derer, die „dazu gehören"
- Nutzungsanregungen
- Interesse weckende, abwechslungsreiche Darstellung
- Persönliche Ansprache
- Ausbaumöglichkeiten

Der Erfüllungsgrad der Kriterien wird nach einer 6er-Skala gewichtet, wobei einzelne Kriterien Mindestvorstellungen unterliegen. Aus den Mittelwerten ergibt sich dann die Bewertung der vier Merkmale.

Dieselbe Einkaufsgenossenschaft verwendet übrigens ein Baukastensystem mit Sicherheitsetiketten. Durch Klebelaschen, die vor der Erstbenutzung von Schaltern oder Steckern genommen werden müssen, erzwingt sie Aufmerksamkeit der Erstbenutzer für kritische Lernschritte. Selbstklebende Gefahrensymbole ermöglichen korrekte Kennzeichnung für geringe Stückzahlen im eigenen Versand; auch wischfeste Allstoff-Stifte und glasklare, selbstklebende Schutzlaminate sind für Korrekturzwecke vorhanden.

(3) Beimel stellt zur Beurteilung von Gebrauchsanleitungen folgendes Raster vor:
- Norm- und Bestimmungsgemäßheit
- Sicherheitsorientiertheit
- Benutzerorientiertheit

Es finden zunehmend in Großunternehmen von Außenberatern moderierte Fortbildungsveranstaltungen zur Erstellung von GA's statt, in der Regel 2tägig. Den ersten Tag besuchen alle betroffenen Funktionsbereiche (bis zu 50 Teilnehmer) mit dem Ziel, „Aufmerksamkeit, Betroffenheit und Basiswissen" so zu vermitteln, daß ein Schneeballeffekt ausgelöst wird. Der zweite Tag dient der Erarbeitung eines Umsetzungs-Programms im reduzierten Kreis derjenigen, die unmittelbar mit der Erstellung von GA's befaßt sind. Im ersten Drittel werden organisatorische und operative Probleme behandelt, in der restlichen Zeit werden in Gruppen Themen erarbeitet wie:

Workshop

Gruppen erarbeiten Stellungnahmen/Lösungsvorschläge und präsentieren diese im Plenum zur Diskussion. Die Themen können selbst vorgeschlagen und gewählt werden. Zur Anregung einige Beispiele:

- Erstellung einer Checkliste, die sicher stellen soll, daß die Rechtsbestimmungen eines kritischen Produktes eingehalten werden.
- Welche Fehlverhaltensweisen besitzt der zu berücksichtigende Grenzbenutzer eines kritischen Produktes und wie lassen sich diese verhindern?
- Arbeitsablauf-Diagramm mit Aufgabenverteilung zur Erstellung einer GA in der vorhandenen Organisation.
- Wie müssen wir unsere GA's umgestalten, um Kunden emotional an uns zu binden?
- Analyse einer eigenen Anleitung unter Zuhilfenahme der verteilten Unterlagen zwecks Erstellung einer eigenen Bewertungsliste.

Jeder für sich (Bekanntgabe freiwillig)
Meine drei wichtigsten Erkenntnisse aus diesem Seminar...
Drei Maßnahmen, die ich auf Grund des Seminars in den nächsten 3 Monaten einleiten will...
Größere Firmen, deren Wertschöpfungspolitik wesentliche Teildienste der GA-Erstellung fremd beziehen wollen, bilden Projektgruppen und integrieren in diese einen Außenberater, um sich das fehlende Knowhow soweit gewünscht während des Konkretisierungsprozesses anzueignen. Natürlich kommen auch Mischformen von Training und Beratung vor.

5.3 Normen, Schutzgesetze, EG-Richtlinien befolgen

Betriebsanleitungen unterliegen zu differenzierten Einflüssen, um standardisierbar zu sein. Aber es lassen sich mit **Normen grundsätzliche Empfehlungen** aussprechen, die um so nützlicher sind, je qualifizierter der Interpret ist.

Schutzgesetze enthalten konkrete **Ge- und Verbote,** auch zur hinweisenden Sicherheit.

Es gibt **horizontale und vertikale** (auch sektoral oder branchenspezifisch genannte) **Normen- und Schutzgesetze** bzw. noch nicht in nationales Recht umgesetzte, aber richtungsweisende EG-Richtlinien.

Die folgenden Texte decken dieses Spektrum **beispielhaft** für Gebrauchs- bzw. Betriebsanleitungen ab, betreffen vor allem die Unterweisung, die Einhaltung des Rechtsrahmens und deren medientechnische Gestaltung.

Die Auswahl ist wie folgt strukturiert:
- DIN
- ISO/CEN
- Schutzgesetze
  - vorhanden
    + horizontal: UVV, GSG
    + vertikal: Arzneimittel, Spielzeug, GefahrenVO
  - künftig
    + horizontal: Produkt-Sicherheits-Richtlinie
    + vertikal: Maschinen-Richtlinie

Innerhalb der Verbraucherpolitik der Kommission bilden Sicherheit und Information Schwerpunkte. Die hinweisende Sicherheit durch Produzent und Handel wird vor allem berücksichtigt in
- Der Produkt-Sicherheits-Richtlinie
- Der Richtlinie zu unlauteren Vertragsbedingungen
- Sektoralen Richtlinien wie denen für Maschinen, Spielzeug und Gefahrenstoffe
- Richtlinien zur Gestaltung von Etiketten (insbes. im Lebensmittelbereich).

5.3.1 Normen

DIN

Gebrauchsanleitungen (für Konsum- und Gebrauchsgüter) sowie **Betriebsanleitungen** (für Investitionsgüter und -anlagen) müssen maßgeschneidert werden, d. h. sie sind ebensowenig normbar wie etwa Qualitätssicherungs-Systeme. Darauf weisen die Erläuterungen der einschlägigen DIN selbst ausdrücklich hin. Angeboten werden können also nur Prinzipien strukturierender und kommunikativer Art, die der operativen Lösung vorgeordnet sind. Sie haben den Charakter unverbindlicher Empfehlungen, Anregungen, Beispiele. Ihre Wirksamkeit hängt alleine davon ab, wie sie auf die Realität der konkreten Konstellation umgesetzt werden. Der erläuternde Text zur Norm drückt dies so aus:

„Umfang und Gliederung dieses Verzeichnisses können nur beispielhaft sein; es soll lediglich als Kontrollstelle dienen. Je nach Erzeugnis kann z. B. der Verfasser hieraus die zutreffenden und erforderlichen Abschnitte auswählen, sie zweckmäßig ordnen und bei Bedarf ergänzen.

Form und Ausführlichkeit **sollen der Sachkunde angemessen** sein, **die** beim Verwender/Benutzer **erwartet werden kann,** wobei insbesondere zu berücksichtigen ist, ob es sich um Erzeugnisse für den Gebrauch durch jedermann handelt oder um Erzeugnisse, die erfahrungsgemäß nur durch einen angelernten oder geschulten Personenkreis betätigt werden. Dabei kann die Schulung durch eine Berufsausbildung oder durch eine Unterweisung durch den Hersteller, Einführer oder Lieferer erreicht werden."

Naturgemäß kommt Angaben zum Vermeiden von Gefahren, über Sicherheitsmaßnahmen und Schutzausrüstungen eine zentrale Bedeutung zu. Sie sind stets durch Hinweise auf einschlägige Sicherheitsvorschriften zu ergänzen, wenn Hersteller, Importeur oder Lieferant aufgrund von Schutzgesetzen dazu verpflichtet sind (z. B. das GSG oder die GefStVO). Eine wachsende Rolle dabei spielen europäische Regelungen, die Schutzziele vorgeben oder technische Regeln präzisieren. Solche **Sicherheitshinweise dürfen** der Anleitung **nicht einfach lose beigelegt werden,** sondern sie sollen vor der jeweiligen Anordnung aufgeführt und deutlich hervorgehoben werden, z. B. durch Schrift, Unterlegen, Warnsymbole, Formulierungen als Ge- bzw. Verbot.

Die schriftliche Benutzerinformation ist die z. Zt. am meisten verbreitete Form. Das heißt, andere Mittel, wie z. B. Ton- und Bildträger (Band, Platte) werden noch in so geringem Umfang eingesetzt, daß ihre Nennung in der Norm zurückgestellt wurde, bis größere Erfahrungen hiermit vorliegen.

DIN V 8418
„**Benutzerinformation** – Hinweise für die Erstellung"
Diese Vornorm enthält wesentliche Änderungen und Verbesserungen zur DIN 8418 von 1974. Die CEN/TC 114 wird nochmalige Anpassung erfordern.

Die folgenden **Auszüge** sind haftungsrechtlich von besonderer Bedeutung:

Vorbemerkung
Benutzerinformationen werden vom Hersteller, Einführer oder Lieferer am Produkt angebracht oder diesem beigefügt, um dem Verwender/Benutzer bzw. Betreiber/Unternehmer die für die sachgerechte und/oder sichere Verwendung wesentlichen Kenntnisse zu vermitteln.

Für zahlreiche Produkte besteht eine gesetzliche Verpflichtung zur Abgabe solcher Informationen. Hierdurch kann es obligatorisch sein, die Benutzerinformation oder einzelne ihrer Teile nach den in der gesetzlichen Bestimmung verwendeten Benennungen zu bezeichnen, z. B. „Gebrauchsanweisung" bei Gefahrenhinweisen gemäß § 3 Abs. 3 des Gerätesicherheitsgesetzes.

1. Anwendungsbereich
Diese Vornorm gilt für schriftliche Benutzerinformationen, die mit dem Erzeugnis zu liefern sind. Gefahrenhinweise, die aufgrund von Vorschriften oder Regeln der Technik am Erzeugnis angebracht sein müssen, können nicht durch Angaben in lose beigefügten Benutzerinformationen ersetzt werden. Die vom Betreiber/Unternehmer z. B. aufgrund von Unfallverhütungsvorschriften zu erstellenden innerbetrieblichen Anweisungen zur Verwendung technischer Erzeugnisse sind nicht Gegenstand dieser Vornorm (S. 87 ff.). Benutzerinformationen können jedoch Bestandteil von innerbetrieblichen Anweisungen sein.

Anmerkung: Für Angaben für den Ge- und Verbrauch von Produkten für den Endverbraucher gilt international der ISO/IEC-Leitfaden 37.

2. Zweck
Diese Vornorm enthält neben den Gestaltungshinweisen eine Checkliste wesentlicher Aspekte, die jedoch den Geboten der einschlägigen Schutzgesetze und -verordnungen nachgeordnet sind. Normen bleiben Empfehlungen. Eine Benutzerinformation kann je nach Erzeugnisart einen oder mehrere der nachfolgenden Aspekte umfassen:

- *Angaben zum Erzeugnis*
- *Hinweise zum sachgerechten und/oder sicheren Aufstellen, Anbringen, Anschließen*
- *Angaben zur bestimmungsgemäßen, sachgerechten und/oder sicheren Verwendung*
- *Hinweise zur Instandhaltung*
- *Hinweise zum Transport*

3. Gestaltung
Benutzerinformationen müssen als Bestandteil eines Erzeugnisses bzw. einer Lieferung betrachtet werden.

Je nach
- *Art und Umfang der Information*
- *Zeitpunkt, zu dem die Information von dem Benutzer benötigt wird*
- *Gefährdungsgrad und Bedeutung anderer Anforderungen*

sollte entschieden werden, ob diese

- **auf dem Produkt selbst**

und/oder

- *auf der Verpackung angebracht*

und/oder

- *als Begleitdokument mitgeliefert werden muß.*

Benutzerinformationen sollen die notwendigen Kenntnisse für den sachgerechten, ökonomischen und sicheren Gebrauch vermitteln, **jedoch keine werbliche Aussagen** enthalten. Form und Ausführlichkeit sollen auf die Eigenart der Erzeugnisse und die voraussetzbare Sachkunde des Verwenders/Benutzers abgestimmt sein. Für Erzeugnisse, deren Verwendung nicht eindeutig eingegrenzt ist, sollte die vorgesehene bzw. **zulässige Verwendung angegeben** werden.

Die **Verständlichkeit** von Benutzerinformationen wird z. B. **gefördert durch:**
- Unterstützen (evtl. Ersetzen) von Texten durch bildliche Darstellungen oder einprägsame Symbole
- Texte und Bild in der Reihenfolge des Denkablaufs: sehe − denke − benutze
- Erklären von Fachausdrücken und stilisierten Darstellungen
- Lesefreundliche Darstellung, wie Zusammenfassen in Tabellenform, übersichtliches Layout, klares Schriftbild.

Für die Gestaltung und Benummerung siehe auch DIN 1421, DIN 1422 Teil 1 und DIN 58 122. Das **Material der Benutzerinformation** (z. B. Papiersorte, Schutzhülle) **soll den Umgebungsbedingungen** der Erzeugnisse **angemessen sein.** Unmittelbar am Erzeugnis angebrachte Informationen sollen gemäß dem Anbringungsort dauerhaft lesbar ausgeführt werden.

Angaben, die nur **für einen begrenzten Personenkreis** bestimmt sind, z. B. über die Instandhaltung technischer Erzeugnisse durch den Fachmann, **können getrennt** abgefaßt und **geliefert werden,** siehe DIN 31 052.

4. Inhalt

Die Angaben über das Vermeiden von Gefahren, über Schutzeinrichtungen und Sicherheitsmaßnahmen in den Abschnitten 4.2 und 4.5 können durch Hinweise auf einschlägige Sicherheitsvorschriften **ergänzt** werden.

4.1 Angaben über das Erzeugnis
4.1.1.1 Hersteller, Einführer oder Lieferer
4.1.1.2 Benennung, Typ
4.1.1.3 Erzeugnis- oder Seriennummer, gegebenenfalls Baujahr
4.1.1.4 Auflage-Nr. und/oder Ausgabedatum der Benutzerinformation, Änderungsvermerk
4.1.2 Hinweis auf Konformitätsbescheinigungen, Prüfzeichen und ähnliches
4.1.3 Anschrift und notwendige Angaben für Anfragen
4.1.4 Angaben über Leistung und **Einsatzmöglichkeiten**
4.1.5 Beschreibung und Übersichten von Erzeugnis und Zubehör

4.2 Angaben zum Einsatzort
4.2.1 Zulässige Umgebungseinflüsse
4.2.2 Betriebsstoffe
4.2.3 Abführen von Produkten und Abfällen
4.2.4 Gegebenenfalls Hinweise auf Maßnahmen zur Sicherheitstechnik, die vom Verwender vorgesehen werden müssen

4.3 Angaben über Transport, Lagerung, Aufstellung, Anbringung und Aufbau

4.4	**Angaben über die Nutzung (Betätigen) siehe DIN 32 541**
4.4.1	*Hinweise auf geeignete Betriebs- und Hilfsstoffe*
4.4.2	*Anleitung für das* **sichere Betreiben; Gefahrenhinweise** *(Bmk.: Bestimmungsgemäßer Gebrauch, Restrisiken)*
4.4.3	*Hinweise auf besondere* **Sicherheitsmaßnahmen bei bestimmten Betriebsweisen**
4.4.4	*Gegebenenfalls Hinweise auf Sicherheitsmaßnahmen bei der Verwendung zusätzlicher Einrichtungen*
4.4.5	*Hinweise auf* **erfahrungsgemäß vorkommende, aber unzulässige Betriebsweisen**
4.4.6	*Anleitung zur Fehlersuche und zum* **Beheben von Störungen** *im Arbeitsablauf/bei der Nutzung*
4.5	**Angaben zur Instandhaltung siehe DIN 31 051**
4.5.1	*zur Pflege*
4.5.2	*zur Wartung*
4.5.3	*zur Inspektion*
4.5.4	*zur Instandsetzung*
4.5.5	*Hinweise auf Instandhaltungsarbeiten, die besondere Fachkenntnisse voraussetzen*
4.5.6	*Hinweise auf Sicherheitsmaßnahmen bei der Instandhaltung, die vom Verwender (Betreiber) getroffen werden müssen*
4.5.7	*Hinweise auf Ersatzteile und Verschleißteile, siehe auch DIN 24 420 Teil 1 und Teil 2*
4.6	**Angaben zum Kundendienst**
5	**Anhang zur Benutzerinformation**

Je nach Erzeugnis

– *Zubehör*

– *Werkzeug*

– *Ersatzteile/Verschleißteile*

– *Kundendienst-Anschriften.*

In den DIN sind nützliche Querhinweise zu finden auf andere Normen, die Anleitungen betreffen wie z. B. auf:
DIN 24 403 Betriebsanleitungen für Zentrifugen
DIN 24 420 Ersatzteillisten, Teil 2: Form und Aufbau
DIN 24 900 Bildzeichen für den Maschinenbau
DIN 30 600 Graphische Symbole
DIN 31 052 Inhalt und Aufbau von Instandhaltungsanleitungen (s. unten)
DIN 32 830 Teile 10 Graphische Symbole in der techn. Produktdokumentation
DIN 40 008 Teile 1 Sicherheitsschilder für die Elektrotechnik
DIN 40 100 Die IEC-Bildzeichen (IEC 417)
DIN 51 502 Schmierstoffe (Kennzeichnung etc.)
DIN 55 003 Teil 3 Werkzeugmaschinen, Bildzeichen
DIN 55 402 Markieren von Packstücken (folgendes Bild)

Bildzeichen nach DIN 55 402 für Schablonenherstellung	Benennung	Übereinstimmung mit internationalen Normen
00463	Vor Näse schützen en: Keep dry	ISO 780 Symbol 7 ISO 7000/No. 0626

Die DIN 31 052 „**Instandhaltung**" betrifft Wartung, Inspektion und/oder Instandsetzung. Als sinnvolle Angaben werden z. B. empfohlen:

- Meßgröße und Prüfwert
- Meß- und Prüfgeräte
- Sonderwerkzeuge
- **Besondere Gefahren** (z. B. unter Druck stehende Medien, hohe Berührungsspannung, ätzende Flüssigkeiten)
- **Sicherheitseinrichtungen** und -maßnahmen
- Persönliche **Schutzausrüstungen**
- **Qualifikation** des Instandhaltungspersonals

Als zweckmäßig wird empfohlen, Maßnahmen in Form von Listen zusammenzufassen und nach Wartungsintervallen oder Arbeitsablauf zu gliedern.

Die durchzuführenden **Maßnahmen** sollen – soweit zutreffend – in folgender **Reihenfolge** beschrieben werden:

- Schutzvorkehrungen treffen
- Schadenursache suchen
- Ausbauen, zerlegen, untersuchen
- Beschädigte Teile ersetzen oder instandsetzen
- Zusammenbau/Einbau
- Einstellen, Sicherheit prüfen
- Probelauf, Abnahme, Freigabe

Es sei zumindest darauf hingewiesen, daß sich die Ursachensuche auf das Finden des gestörten Schwachteils beschränken kann (Schutzeinstellung, Reparieren), aber auch vorbeugenden Charakter haben kann (Sicherheitseinstellung), sei es daß die Ursache des augenscheinlichen Symptoms zu suchen ist, störende Wirkungen des ausgewechselten Teils über der Zeit auf verbliebene Teile mitbedacht werden und Schlußfolgerungen für die Produktbeobachtung bzw. Entwicklung oder Darbietung des Produktprogramms gezogen werden.

Es kann nicht häufig und nachdrücklich genug darauf hingewiesen werden, daß zwischen technischer und hinweisender Sicherheit eine fundamentale Wechselbeziehung besteht sowie darauf, daß der hinweisende Schutz kommunikativer Natur ist. Dies macht es nötig, sich auch die entsprechenden **DIN-Normen des Umfeldes anzusehen.** Im Auftaktgespräch einer Anleitungs-Beratung für eine Lebensmittelmaschine stellte sich beispielsweise heraus, daß die Drucktasten nicht den IEC 73 (DIN/VDE 0199) für „Start, Eingriff und Handeln bei Gefahr" entsprachen, sondern alle die Farbe für „Keine besondere Bedeutung" hatten (Schwarz); zugeordnete Piktogramme waren selbstgestrickt, unterschieden sich kaum und waren nur für Eingeweihte nach Erläuterung zu verstehen. Letztlich hätte dies zu ernsthaften Mängeln der hinweisenden Sicherheit geführt.

ISO/CEN

Die ISO (International Organization of Standardization) umfaßt z. Zt. die nationalen Normenorganisationen von 88 Ländern. Die Gemeinsame Europäische Normeninstitution CEN hat die Aufgabe, durch „Euronormen" innerhalb der EG eine für alle Mitglieder maßgebende Mindestsicherheit auf hohem Niveau zu schaffen. Damit sollen einerseits Normen als nationale Handelsbarrieren abgebaut und andererseits als Werkzeug zur Harmonisierung genutzt werden. IEC und CENELEC sind jeweils die elektrotechnischen Normen zu den maschinenbaulichen und sonstigen auf internationaler ISO- bzw. europäischen CEN-Ebene. Ein Ebenen- und Länder-Vergleich ist über die Datenbanken Icone und Infopro möglich.

Mit der Zunahme der internationalen Beziehungen wächst naturgemäß die Bedeutung internationaler Normen. Von CEN/CENELEC abweichende DIN werden in wenigen Jahren zur Ausnahme zählen. Wo es noch keine Euronorm gibt, gilt im allgemeinen innerhalb der EG das Prinzip der gegenseitigen Anerkennung, allerdings auch mit Ausnahmen wie z. B. im Maschinenbau.

Die Handelspolitik der nationalen Branchen setzt allerdings unterschiedliche Akzente. Bei uns ergibt sich eher das Bild einer globalen Strategie unter Bevorzugung der ISO, in Frankreich eher eine Neigung Euronormen auf französische Interessen abzustimmen.

Da die regionalspezifische Anpassung einheitlicher Produkte zu den Kardinalaufgaben der hinweisenden Sicherheit gehört, kommt der Charakter einer Mindestauflage durch Normen besonders deutlich zum Ausdruck, auch daß die erforderlichen Maßnahmen intimes Produkt- und Anwenderverständnis verlangen. Dies dürfte mit ein Grund dafür gewesen sein, warum die „Angaben für den Ge- und Verbrauch von Produkten für den Endverbraucher" bei ISO/IEC als Leitfaden 37 bezeichnet werden.

Die DIN EN 292 basiert auf der bekannten sicherheitstechnischen Unterteilung in unmittelbare, mittelbare und hinweisende Sicherheit (7/20). Das Ablaufschema der **DIN EN 292** zur Auswahl von Sicherheitsmaßnahmen zeigt deutlich, daß **in technischen Kategorien gedacht** wird und der hinweisenden Sicherheit nur „verbleibende Risiken" zugewiesen werden, „gegen die Schutzmaßnahmen nicht vollkommen wirksam sind"; Konstruktion und hinweisende Möglichkeit werden also nicht von vorneherein aufeinander abgestimmt. Diese Norm soll nach ihrer Zielsetzung unter 1 „**Technikern und Konstrukteuren Sicherheitskonzepte und -prinzipien vermitteln**".

Diese Norm behandelt also den Teilbereich Technik, kann und will auch offensichtlich keine Richtschnur für die vorgeordnete unternehmerische Gestaltung der Produktsicherheit sein. In dieser kommt es bereits in der Konzeptionsphase zur Festlegung eines einsatzgerechten Sicherheitsniveaus unter marktstrategischen Zielsetzungen und zu einer Kosten-/Nutzen-Optimierung zwischen den technischen und hinweisenden Alternativen innerhalb des Entscheidungsraums. Die Norm ist also zuständig für die Risiken, die das Sicherheitskonzept der Art und dem Beherrschungsgrad nach der Technik zuweist.

Allerdings gibt die Norm unter **Punkt 9** Technikern auch Hinweise zur „**Konstruktion**" von **Betriebsanleitungen,** wie bei Normen üblich Mindest-Stereotype. Deren Einhaltung bietet einen gewissen Schutz gegen formale Rechtsverstöße; doch das gewährleistet noch keine schützende und noch keine gute Anleitung.

Abschnitt 6 bedeutet denn auch eine Kapitulation vor diesem Dilemma, denn dort heißt es, es solle „aufgezeigt werden, wie und in welchem Maße der intuitive Prozeß, mit dem der Konstrukteur seine Erfahrungen zur Risikobewertung einsetzt, zwecks Auswahl unter den sich anbietenden Sicherheitsmaßnahmen formuliert werden kann". Und weiter: „Er muß die Wahrscheinlichkeit und den Schweregrad einer Verletzung durch das gefährdende Ereignis intuitiv einschätzen und subjektiv bewerten, wenn nicht genügend Information zur Verfügung steht" (d.h. keine statistische Bewertung möglich ist). Eine Analyse technischer und menschlicher Risikoelemente (z.B. ergonometrischer Natur) sei für die Wahl der Sicherheitsmaßnahmen sehr nützlich.

Es geht hier um grundsätzliche Fragen, die Kritik muß sich auf wenige Ansatzpunkte beschränken:

- Risiken müssen erst erkannt sein, um bewertet werden zu können. Es ist der schwierigste Schritt in der Abfolge der Risiko-Beherrschung (4/8a, 12; 7/171). Dabei kommt es gerade auf die Früherkennung von Risiken an, die selten sind und zu denen keine persönlichen Erfahrungen vorliegen, ja, die sich vielleicht noch gar nicht als Schaden irgendwo manifestiert haben (7/167; EPR 30). Im übrigen ist das zu betrachtende Sicherheitssystem von Mensch und Maschine auf die Umwelt zu erweitern (EPR 147).

- Für den Konstrukteur verdecken die konstruktiven Restrisiken nur zu leicht die situations- und verhaltensbedingten Restrisiken im Zusammenspiel mit dem Produkt. Diese benutzerseitigen Fehler beruhen vielfach darauf, daß Selbstverständlichkeiten beim Konstrukteur für den Händler u/o Benutzer nicht selbstverständlich sind, aber auch darauf, daß Intuition (gemeinhin „gesunder Menschenverstand" genannt) beim Benutzer überfordertes Wissen und fehlenden Professionalismus im Umgang mit Ungewißheit nicht ersetzen können. Die Norm gibt hier nach dem heutigen Stand des Wissens einen unprofessionellen Ratschlag.

Das Dilemma des technischen Weltbildes vor der gänzlich anders gearteten Welt der Psyche (EPR 147) läßt sich zuverlässiger entschärfen als durch den Verlegenheitsausweg „Intuition". Das verlangt allerdings Aneignung fachfremden Denkens und Wissens aus den Gebieten Sozialpsychologie und Wahrscheinlichkeitsrechnung. Nisbett und Ross, hervorragende Vertreter auf diesem Gebiet, kritisieren nicht den Einsatz von Intuition und Vorurteilen an sich, denn er ist nur allzu menschlich; aber sie kritisieren, daß die Vernunft nicht dazu verwendet wird, insbesondere deren blinde Bevorzugung und übertreibenden Vereinfachungen zurechtzurücken. Sie zeigen auch Wege und Mittel auf, diese Fehler zu vermeiden. Das Gebiet ist noch sehr jung, aber es kann bereits Ergebnisse vorweisen, die zuvor auch nicht von der Fachwelt für möglich gehalten wurden. Wie einst bei der Qualitäts-Sicherung (also der Sicherung technischer Sicherheit) liegen z. Zt. in der Theorie der „Sicherung des menschlichen Selbstschutzes" die USA vorne, die Japaner beginnen diese praktisch umzusetzen und Europa schaut zu.

Ausgeführt wurde dies, um den einen oder anderen Pionier anzuregen und deutlich zu machen, daß die Einhaltung von Normen und eine flotte Feder noch keine wirklich gute und schutzgebende Betriebsanleitung ausmachen. Ihrer Intuition dürfen Sie im Umgang mit der Schutzverantwortung für andere getrost ebenso mißtrauen wie Ihrem „natürlichen Rechtsempfinden"; in der Mehrzahl der Fälle werden sie unbewußt Deutungen heranziehen, die zum Symptom, nicht aber zum Problem der Situation passen.

Die **DIN EN 292** ist also eine konventionelle Orientierungsunterlage trotz ihres jungen Datums; sie muß mindestens eingehalten werden und ist deshalb nicht nur **Pflichtlektüre für Konstrukteure,** sondern auch für diejenigen, die mit diesen zusammenarbeiten müssen, um ihre hinweisende Sicherheit mit der Technik in Einklang zu bringen. Diese haben vor allem die Erwartungen und Selbstschutzfähigkeiten der Zielgruppen einzubringen.

Nach dieser Klarstellung können wir uns nach richtungsweisenden Hinweisen in der DIN EN 292 umsehen. Zunächst ist festzustellen, daß sie den ISO/IEC-Leitfaden 37-1983 (E) wortgetreu übernommen hat. Hier die markantesten Stellen daraus:

 GUIDE 37-1983 (E)

Instructions for use of products of consumer interest

DK 614.8 : 331.456 : 62.06 : 001.4	DEUTSCHE NORM	*Entwurf*	September 1989
	Sicherheit von Maschinen, Geräten und Anlagen Grundbegriffe Allgemeine Gestaltungsleitsätze Deutsche Fassung PrEN 292: 1989		DIN EN 292

Konstruktive Sicherheitsmaßnahmen (Anwendungsbereich dieser Norm) (Aufgabe des Konstrukteurs)	Zusätzliche Vorsichtsmaßnahmen (Abschnitt 10)			
	Verminderung des Risikos durch Konstruktion (Abschnitt 7)	Schutzeinrichtungen (Abschnitt 8)	Betriebsanleitung Warnungen (Abschnitt 9)	
			Ausbildung Sichere Arbeitsmethoden Inspektion und Instandhaltung Zulassung für Arbeitssysteme	Schutzmaßnahmen, die vom Verwender durchzuführen sind (in dieser Norm nicht berücksichtigt)
		Persönlicher Schutz		

9 BETRIEBSANLEITUNG

9.1 Allgemeine Grundsätze

9.1.2 Die Information sollte deutlich den **Verwendungszweck der Maschine definieren** und deshalb alle notwendigen **Informationen für den sicheren und einwandfreien Gebrauch** der Maschine enthalten. Dabei sollten keine Verwendungsmöglichkeiten ausgeschlossen werden, die von der Bezeichnung und Beschreibung der Maschine her erwartet werden können. Die Informationen sollten auch ausreichend vor möglichen Gefahren warnen, wenn die Maschine anders als in den Informationen beschrieben verwendet wird.

Da eine Maschine so konstruiert sein soll, daß ihr Betrieb so einfach wie möglich ist, können und sollen die **Informationen keine Konstruktionsmängel ausgleichen**.

9.1.3 Die Information sollte individuell oder pauschal Dinge des Transports behandeln, Inbetriebnahme (Installation und Einrichten), Einsatz (Einstellung, Betrieb und Reinigung) und Instandhaltung der Maschine.

9.2 Anordnung und Art der Informationen und Anleitungen

In Abhängigkeit von

– dem Grad der **Gefährdung**,

– dem Zeitpunkt, zu dem der Verwender die Information benötigt, und

– der Maschinenkonstruktion

sollte entschieden werden, welche **Information** – oder Teilinformationen – gegeben werden:

– **in/auf der Maschine** selbst und/oder

– in Begleitunterlagen (Betriebsanleitung)

9.3 Warneinrichtungen

Optische Signale wie Blinklichter und akustische Signale müssen deutlich wahrnehmbar und von allen anderen Signalen im Betrieb zu unterscheiden sein; alle Beschäftigten müssen sie klar erkennen können. In der Verwenderinformation sollte eine regelmäßige Überprüfung der Warnanlage vorgeschrieben werden.

Die Konstrukteure sollten sich der **Gefährdung durch Übersättigung der sinnlichen Wahrnehmung bewußt sein**, besonders wenn optische oder akustische Signale zu oft erscheinen.

9.4 Kennzeichnung und Warnhinweise

9.4.1 Markierungen

Wenn Sicherheitsfarben und -symbole verwendet werden, sollten sie ein deutliches, erkennbares und **einheitliches Bild mit genormten Farben** bieten.

9.4.2 Zeichen (Piktogramme), schriftliche Warnungen

Hinweisschilder und/oder schriftliche Warnungen können verwendet werden, um auf mögliche Gefährdungen hinzuweisen und Informationen über die Verwendung persönlicher Schutzausrüstung aufzuzeigen. Sie können auch Hinweise für die Einstellung einer trennenden Schutzeinrichtung, die Häufigkeit von Inspektionen usw. geben. Sie sollten alle in einer **besonderen Beziehung zu der bestimmten Gefährdung** stehen. Schilder mit dem schlichten Wort „Gefahr" sollten nicht verwendet werden.

Graphische Symbole sollten leicht verständlich und eindeutig sein. Die Verwenderinformation sollte klar aufzeigen, welche Maschinenfunktionen mit den entsprechenden Symbolen angesprochen werden.

9.5 Schriftliche Anweisungen, Betriebsanleitung
9.5.1 Inhalt der Betriebsanleitung
Die Betriebsanleitung und andere schriftliche Anleitungen (z. B. auf der Verpackung) sollten u. a. folgendes enthalten:

a) **Angaben über die Maschine selbst:**
- genaue Beschreibung der Maschine, des Zubehörs, der Sicherheitseinrichtungen,
- gesamter **Anwendungsbereich,** für den die Maschine gedacht ist (ggf. verbotener Einsatz), unter Berücksichtigung der Varianten der Originalmaschine,
- Diagramme (insbesondere schematische Darstellung der Sicherheitsfunktionen, wie in 3.11 beschrieben),
- **Daten über** Lärm, Schwingungen, über Strahlung, Gase, Dämpfe, Staub, die von der Maschine ausgehen,
- Zeichen und Unterlagen, die bestätigen, daß die Maschine den verbindlichen Vorschriften entspricht.

b) **Angaben über die Installation der Maschine:**
- Benötigte Raumgröße für Betrieb und Instandhaltung,
- **zulässige Umwelteinflüsse** (Temperatur, Feuchtigkeit, Schwingung, elektromagnetische Strahlung usw.),
- Angaben über die Anschlüsse an die Energieversorgung (insbesondere über elektrischen Überlastungsschutz),
- Angaben über **Entsorgung,**
- gegebenenfalls Angaben über **Vorsorgemaßnahmen,** die vom Verwender ergriffen werden müssen (besondere Sicherheitseinrichtungen, Sicherheitsabstände, Sicherheitshinweise und -signale).

c) **Angaben zu Transport und Lagerung der Maschine:**
- Abmessungen, Massewert(e), Lage des Schwerpunkts, Angaben zur Handhabung.

d) **Angaben zur Verwendung der Maschine:**
- Zuordnung der Befehlseinrichtungen,
- Anweisungen für die Inbetriebnahme,
- Anweisungen für Einricht- und Einstellarbeiten,
- Art und Weise des Ausschaltens (insbesondere Nothalt),
- Informationen über **Gefährdungen, die trotz** der vom Konstrukteur eingebauten **Sicherheitsmaßnahmen nicht ausgeschlossen werden können,**
- Informationen über besondere **Gefährdungen, die von** bestimmten **Verwendungsarten oder** dem Einsatz bestimmten **Zubehörs ausgehen,**
- Informationen über **unzulässige Verwendung,**
- **Anleitungen zur Fehlererkennung,** für Reparaturen und Wiederanlauf nach einem Eingriff,
- soweit erforderlich Hinweise über persönliche Schutzausrüstung, die zu tragen ist.

e) *Angaben zur Instandhaltung:*
- *Art und Häufigkeit von Inspektionen, Instandhaltungsarbeiten,*
- *Anleitung über Instandhaltungsarbeiten, die ein spezielles Fachwissen oder besondere Fähigkeiten erfordern und deshalb nur von geschultem Personal (Instandhaltungspersonal, Fachleute) durchgeführt werden sollten,*
- *Anleitung über Instandhaltungsarbeiten (Ersatz von Teilen usw.), deren Durchführung keine besonderen Fähigkeiten voraussetzt und deshalb von Betreibern (Bedienern usw.) ausgeführt werden können,*
- *Zeichnungen und Diagramme, die dem Instandhaltungspersonal eine rationelle Erfüllung ihrer Aufgaben (insbesondere Fehlerdiagnose) ermöglichen.*

9.5.2 Erstellung der Betriebsanleitung

a) *Schriftart und Schriftgröße sollten praktisch so klar und so groß sein, daß die Lesbarkeit gewährleistet ist. Sicherheitshinweise und -warnungen sollten durch Farben, Symbole und/oder große Schrift hervorgehoben werden.*

b) *Betriebsanleitungen sollten in der/den offiziellen Sprache/n des Landes erscheinen, in dem die Maschine eingesetzt wird. Wenn mehr als eine Sprache verwendet wird, sollte jede Sprache leicht von der/den anderen zu unterscheiden sein; es sollte angestrebt werden, den übersetzten Text und die dazugehörigen Illustrationen zusammenzuhalten.*

c) *Wo immer es möglich ist, sollte der Text durch Illustrationen verdeutlicht werden. Die Illustrationen sollten duch Einzelheiten im Text ergänzt werden, um dadurch z. B. die verschiedenen Betätigungselemente zu lokalisieren und zu identifizieren; diese Illustrationen sollten vom Begleittext nicht getrennt werden und dem Arbeitsablauf entsprechen.*

d) *Es sollte daran gedacht werden, Informationen in Tabellenform darzustellen, wenn das dem Verständnis hilft. Tabellen sollten neben dem dazugehörigen Text stehen.*

e) *Die sinnvolle Verwendung von Farben sollte in Erwägung gezogen werden, besonders bei Bauteilen, die schnell erkannt werden müssen.*

f) *Wenn die Betriebsanleitung und andere Informationen lang sind, sollten die Seiten numeriert werden und ein Inhaltsverzeichnis bzw. Index dazugehören.*

9.5.3 Ratschläge für die Abfassung und Redaktion von Informationen für Verwender

a) *Beziehung zum Modell: die angegebenen Informationen sollten sich eindeutig auf das spezielle Maschinenmodell beziehen.*

b) *Kommunikationsprinzipien: Wenn Informationen aufbereitet werden, sollte der Kommunikationsablauf „Sehen – Denken – Anwenden" befolgt werden, um den besten Effekt zu erzielen und die richtige Reihenfolge zu beachten.*

Die Fragen nach dem „Wie" und „Warum" sollten vorweggenommen und beantwortet werden.

c) *Die Informationen für Verwender sollten so kurz und knapp wie möglich und ggf. für einen Laien verständlich sein. Ungewöhnliche Fachbegriffe sollten erklärt werden. Alle Informationen sollten einheitliche Begriffe und Einheiten verwenden.*

d) *Dauerhaftigkeit und Verfügbarkeit von Informationen, die sich direkt auf der Maschine befinden, sollten dauerhaft sein und für die erwartete Lebensdauer der Maschine lesbar bleiben.*

Unterlagen, die Informationen für Verwender geben, sollten in haltbarer Form hergestellt werden (z. B. sollten sie einer häufigen Benutzung in der Maschinenumgebung während der gesamten Lebensdauer der Maschine standhalten). Es könnte nützlich sein, solche Unterlagen zu beschriften mit „Für künftige Verwendung aufbewahren".

5.3.2 Schutzgesetze

Unfallverhütungsvorschrift

Die UnfallVerhütungsVorschriften (UVV) werden von den Trägern der gesetzlichen Unfallversicherungen, den BerufsGenossenschaften (BG) als Vorschriften über Einrichtungen, Anordnungen und Maßnahmen, welche die Unternehmen zur Verhütung von Arbeitsunfällen zu treffen haben (§ 708 Abs. 1 Nr. 1 RVO), erlassen.

UVV verpflichten an sich den Arbeitgeber (Mitglied der Berufsgenossenschaft). Aber: **Durch** ausdrückliche **Nennung** in § 3, Abs. 1 **GSG**, hat sie der Gesetzgeber **auch für Hersteller** und Importeure **verbindlich** gemacht. Allerdings sind damit nur solche Unfallverhütungsvorschriften gemeint, die sicherheitstechnische Regeln enthalten. Eine Liste der für § 3 Abs. 1 GSG maßgeblichen Unfallverhütungsvorschriften enthält das Verzeichnis B der Allgemeinen Verwaltungsvorschrift zum Gerätesicherheits-Gesetz (AllgVwV). Dieses enthält daneben als Regeln der Sicherheitstechnik auch noch die Durchführungsanweisungen zu den UVV, Richtlinien, Sicherheitsregeln und Merkblätter der Träger der gesetzlichen Unfallversicherung.

Keine Unfallverhütungsvorschriften im Sinne des GSG sind Durchführungsanweisungen, Richtlinien usw. Sie sind nicht verbindlich. Die Unfallverhütungsvorschriften können allgemein anerkannte Regeln der Sicherheitstechnik enthalten, müssen es aber nicht. Sie werden dieses Niveau niemals unterschreiten, sondern im Gegenteil eher darüber hinausgehen. Als Träger der Unfallversicherung sind die Berufsgenossenschaften, die eine Erfassung und Auswertung der bei ihnen eingehenden Unfallanzeigen vornehmen, über mögliche Gefahren der technischen Arbeitsmittel früher und umfassender informiert als andere Stellen. Es besteht daher eine natürliche Tendenz, strengere Sicherheitsregeln aufzustellen.

Die Verbindlichkeit der UVVen beruht auf der mittelbaren staatlichen Macht, die hinter den Rechtsetzungsbefugnissen der Berufsgenossenschaften als Unfallversicherungsträger steht, sie gelten also selbst nicht als Schutzgesetz.

Der Bundesgerichtshof hat dazu ausgeführt:

„Die Unfallverhütungsvorschriften der Berufsgenossenschaften stellen den von der zuständigen Behörde kraft öffentlicher Gewalt festgelegten Niederschlag der in einem Gewerbe gemachten Berufserfahrungen dar und sind von dem Unternehmer zu beachten".

Gerätesicherheitsgesetz (11/123)

Die Bestimmungen des GSG, welche der Hersteller und der Einführer zu beachten haben, **werden** ihnen also **auf diese Weise über den Unternehmer** (Betreiber) **nochmals auferlegt.** Die Bestimmungen von GSG und UVV verzahnen im übrigen auch die „Gebrauchsanweisung" des Herstellers nach GSG und der Betriebsanweisung des Betreibers (Teil B dieses Buches).

Lassen Sie sich bitte nicht verwirren! Das GSG benutzt die Bezeichnung **Gebrauchsanweisung** für das, was wir **Gebrauchsanleitung** nennen, möglicherweise aus der unter 5.3.1. beschriebenen Verquickung.

Soweit der **Schutz** vor Gefahren **nicht oder nicht in ausreichendem Maße durch** sicherheitsgerechtes **Gestalten der technischen Arbeitsmittel** erreicht werden kann, muß durch **Gebrauchsanleitungen und Warnungen** der Gefahrenschutz sichergestellt werden. Vielfach enthalten die **technischen Normen und Regeln der Sicherheitstechnik** wie auch die **Unfallverhütungsvorschriften** Angaben über die Gestaltung der Gebrauchsanweisungen und Warnungen.

Geräte-Sicherheits-Gesetz

Vorbeugender Gefahrenschutz für PERSONEN, d. h.

– **Hersteller verantwortet MASCH-Sicherheit**

+ **Betreiber verantwortet bestimmungsgem. Einsatz**

Maßstäbe:

– **Regeln der Technik**
(Bei elektr. Betriebsmitteln „Stand")

+ **UVV, GewO, BetriebsverfG u. a.**

Kernvorschriften des GSG (11/130a)			
Gesetz	Gerätesicherheitsgesetz		
Verordnung		Erste Verordnung zum Gerätesicherheitsgesetz	Verordnung über medizinisch-technische Geräte
Persönlicher Geltungsbereich	Hersteller, Einführer und unter bestimmten Voraussetzungen auch Händler		
sachlicher Geltungsbereich	technische Arbeitsmittel = verwendungsfertige Arbeitseinrichtungen einschl. gleichgestellter Arbeitseinrichtungen	elektrische Betriebsmittel = technische Arbeitsmittel und Teile von technischen Arbeitsmitteln	medizinisch-technische Geräte
Beschaffenheitsanforderungen	allgemein anerkannte Regeln der Technik und Arbeits- und Unfallverhütungsvorschriften	in der EG angegebener Stand der Sicherheitstechnik	
Konkretisierung der Anforderungen	Normen und Vorschriften, in denen die allgemein anerkannten Regeln der Technik ihren Niederschlag gefunden haben (Verzeichnis A und B der allgemeinen Verwaltungsvorschrift zum GSG)		
Prüfstellen	Bezeichnung von Prüfstellen mit ihrem Aufgabenbereich und ihrem Identifikationszeichen zuim Sicherheitszeichen »Geprüfte Sicherheit« (Prüfstellenverzeichnis der allgemeinen Verwaltungsvorschrift zum GSG)		
Überwachung	nach Landesrecht zuständige Behörden sind die (staatlichen) Gewerbeaufsichtsämter in den 11 Bundesländern		

Das GSG ist ein reines **Personenschutz**-Gesetz; für Hinweise zum Schutz der Gefährdung von **Sachen, Vermögen** und **Umwelt** müssen einschlägige Vorschriften und eigene Überlegungen eingesetzt werden.

Das GSG von 1968 schreibt in § 3 (3) für Produkte seines Geltungsbereiches vor (12/II/54):

(3) Werden bestimmte Gefahren durch die Art der Aufstellung oder Anbringung eines technischen Arbeitsmittels verhütet, so ist hierauf beim Inverkehrbringen oder Ausstellen des Arbeitsmittels ausreichend hinzuweisen. Müssen zur Verhütung von Gefahren bestimmte Regeln bei der Verwendung, Ergänzung oder Instandhaltung eines technischen Arbeitsmittels beachtet werden, so ist eine entsprechende **Gebrauchsanweisung** beim Inverkehrbringen mitzuliefern.

In der Allgemeinen Verwaltungsvorschrift von 1970 zum GSG heißt es (12/II/53):

(2) Die zuständige Behörde hat außerdem festzustellen,

1. ob, wenn bestimmte Gefahren durch die Art der Aufstellung oder Anbringung des technischen Arbeitsmittels zu verhüten sind, hierauf ausreichend hingewiesen ist,

*2. ob, wenn nach § 3 Abs. 3 Satz 2 des Gesetzes eine **Gebrauchsanweisung** zum technischen Arbeitsmittel mitzuliefern ist, in dieser die Regeln zur Beachtung aufgeführt sind, die durch die bestimmten Gefahren bei der Verwendung, Ergänzung oder Instandhaltung des technischen Arbeitsmittels zu verhüten sind. Dabei ist darauf zu achten, daß auch bei einem eingeführten technischen Arbeitsmittel die Gebrauchsanweisung in deutscher Sprache abgefaßt sein muß.*

(3) Absatz 1 findet keine Anwendung, wenn es sich bei dem technischen Arbeitsmittel um eine Sonderanfertigung im Sinne des § 3 Abs. 2 des Gesetzes handelt.

(4) Gefahren für Leben oder Gesundheit im Sinne des § 3 des Gesetzes können sich auch aus Lärm, Luftverunreinigung, Hitzeentwicklung oder aus einer sonstigen Belastung bei der Verwendung des technischen Arbeitsmittels ergeben.

Mit Übertragung der Maschinen-Richtlinie in nationales Gesetz 1993 wird eine grundlegende Neufassung des GSG erwartet.

Die Vorschriften des GSG verwenden das Wort „**Anweisung**", obwohl zwischen ihm und seinen Käufern kein Weisungsverhältnis besteht und sprachfühlige Kunden sich lieber anleiten als anweisen lassen. **Wir verwenden deshalb – wo möglich – das Wort Anleitung für Hersteller und überlassen die Anweisung dem Betreiber.**

Das GSG kommt über das Verursacherprinzip zu einem **vorbeugenden Gefahrenschutz.**

Sein sachlicher Geltungsbereich

beschreibt, welche Güter, Geräte, Maschinen, Einrichtungen und Anlagen von dieser gesetzlichen Bestimmung erfaßt werden. Es sind im wesentlichen verwendungsfertige Arbeitsmittel, Schutzausrüstungen und bestimmte überwachungsbedürftige Anlagen (wie Aufzüge, Druckbehälter, Tankanlagen, elektr. Anlagen in gefährdeten Räumen oder über eine zusätzliche Verordnung medizinisch-technische Geräte), aber im privaten Bereich auch Haushalts-, Sport- und Bastelgeräte (nicht mehr Spielzeug wegen einer eigenen richtungsweisenden Verordnung von 1990).

Keine technischen Arbeitsmittel im Sinne des GSG sind z. B. Fahrzeuge, die verkehrsrechtlichen Vorschriften unterliegen (also Pkw's, aber keine Flurförderer) oder wehrtechnische Arbeitsmittel und Gefahrenstoffe.

Hinweis	Produkt			
	Werzeug-maschine	Meißel Fachanleitung für schwere Arbeit durch Laien	Foto-Apparat	
Funktions-Nutzung	Bestimmungsgemäße Eignung, Instandhaltungszeiten für Verschleißteile, Qualitätsangaben für Öl	Schlagende fettfrei halten! Blick auf Schneide, nicht auf Schlagkopf!	Lernpädagogische Schrittfolge und Darstellung der Bedienung des „schwarzen Kastens". Erfolgssichere Motiv- und Belichtungstips	
Restrisiko des Produktes	Geräuschemission, Entlüftung des Hydraulikkreises	Warnung vor Absplitterungen, Schutzbrille empfehlen	–	
Restrisiko für Bediener	Naheliegende sachwidrige Nutzung, Einschaltmöglichkeit bei Eingriffen verhindern	Warnung vor Abrutschen, Handschutz evtl. mit anbieten	–	

Beispielgebende Verknüpfung DIN 8418 mit GSG

Die **Beschaffenheitsanforderungen**
leitet das GSG aus den technischen Normen, den Arbeitsschutz- und Unfallverhütungsvorschriften sowie bindenden Beschlüssen der EG ab. Zwar steht dabei die materielle Beschaffenheit des Produktes im Vordergrund, doch enthalten diese Vorschriften meist auch Anweisungen zur hinweisenden Sicherheit (z. B. mindestes 2-Sprachigkeit in EG-Richtlinien) oder sie leiten sich aus diesen ab, denn

„**Müssen zur Verhütung von Gefahren bestimmte Regeln bei der Verwendung, Ergänzung oder Instandhaltung** eines technischen Arbeitsmittels **beachtet werden, so ist eine Gebrauchsanweisung** mit entsprechenden Warnungen und Hinweisen **mitzuliefern."**

Überwachung und Durchsetzung des GSG

Die Überwachung (Auswertung von Veröffentlichungen, Messebegehungen, Marktkontrollen, Betriebsbesichtigungen) obliegt den Gewerbeaufsichtsämtern. Sie müssen auch auf Hinweise durch Behörden oder Verwender tätig werden. Bei solchen Ermittlungen ist das Grundrecht der Unverletzlichkeit der Wohnung eingeschränkt und jedermann ist zu Auskunft sowie Unterstützung verpflichtet, es sei denn, er würde sich oder Angehörige strafrechtlich belasten.

Das Gewerbeaufsichtsamt entscheidet auch über die Durchsetzungs-Maßnahmen. Sie reichen von der mündlichen und schriftlichen Mitteilung bis zur **Untersagungsverfügung.**

Der Hersteller oder Einführer darf sein technisches Arbeitsmittel mit diesem Zeichen „**Geprüfte Sicherheit**" versehen, wenn es von einer dafür anerkannten Prüfstelle (11/142 b) einer Bauartprüfung unterzogen worden ist. Dem entspricht im Binnenmarkt das Konformitäts-Zeichen CE, das dann aber Voraussetzung für grenzüberschreitende Lieferungen ist und bei Produkten, die nicht als mit höheren Risiken versehen gelistet sind, ohne Baumusterprüfung selbst zertifiziert werden kann (4 a/37). Soweit die geprüften Sicherheitsmerkmale beim GS-Zeichen anspruchsvoller sind, ist eine Kennzeichnung mit beiden Zeichen denkbar.

Gebrauchsanleitung und Überwachung

Hinweisende Sicherheit soll technische Restrisiken abfangen; das Gefährdungspotential beider gibt sich nichts. Dennoch werden sie von den Aufsichtsbehörden unterschiedlich gehandhabt. Dies liegt wohl z. T. daran, daß die „Regeln der Technik" eindeutiger feststellbar sind, als die „Regeln der Kommunikation" und es nur wenige meßbare Vorgaben für hinweisende Sicherheit in Schutzgesetzen gibt (z. B. Lärmemission, Kennzeichnung von Gefahrenstoffen, Mehrsprachigkeit). Im Ergebnis gibt es zwar ein GS-Zeichen für Produkte, aber keines für Anleitungen. Die 31 Untersagungsverfügungen des Jahres 1989 in der Bundesrepublik bezogen sich ausschließlich auf materielle, keine auf hinweisende Sicherheit. Allerdings wurde eine unbekannte Anzahl von Gebrauchsanleitungen, insbesondere importierter Geräte, von den Gewerbeaufsichtsämtern beanstandet.

Arzneimittelgesetz (AMG) (8/1)

Bei Arzneimitteln liegen die umfangreichsten Erfahrungen mit haftungs- und sicherheitsrelevanten Hinweisen zum Personenschutz vor. Dies fordert geradezu Branchen mit hohen Personenrisiken auf, daraus Analogien abzuleiten. Es empfiehlt sich besonders zu achten auf die Handhabung des Faktors Zeit, die Bedeutung der Verpackung und die Anregung, Muster aufzuheben.

§ 11 des AMG bestimmt, daß die Packungsbeilage die Überschrift „Gebrauchsinformation" trägt und welche Angaben sie in welcher Reihenfolge enthalten soll („Produkt-Information" ist in anderen Branchen ein reines Werbe Medium). Wir erlauben uns, die neuere Fassung dafür aus dem Richtlinienvorschlag KOM (89) 607 (Amtsbl. 90/C 58 vom 8. 3. 90) auszugsweise wiederzugeben (Kapitel 3, Art. 8):

a) Angaben zur ***Identifizierung*** *des Arzneimittels:*

– *Name des Arzneimittels,*

– *qualitative und quantitative Zusammensetzung,*

– *pharmazeutisch-therapeutische Kategorie, sofern es hierfür einen für den Patienten ohne weiteres verständlichen Begriff gibt,*

– *Name und Adresse der für das Inverkehrbringen verantwortlichen Person – gegebenenfalls des Herstellers;*

b) die **therapeutischen Angaben** *(„Funktionsnutzen")*

c) *Informationen, die vor Einnahme (Inbetriebnahme) des Arzneimittels bekannt sein müssen:*
   - *Gegenanzeigen (Restrisiken),*
   - *Vorsichtsmaßnahmen für die Verwendung,*
   - *Wechselwirkungen, die die Wirkungsweise des Arzneimittels beeinträchtigen können,*
   - *besondere Warnhinweise.*

   Bei dieser Aufzählung ist folgendes zu berücksichtigen:
   - *die besondere Situation bestimmter Kategorien von Verbrauchern (Kinder, schwangere Frauen, ältere Menschen),*
   - *besondere Auswirkungen auf die Fähigkeit zur Bedienung bestimmter Maschinen;*

d) *für eine* **ordnungsgemäße** *(bestimmungsgemäße)* **Verwendung** *erforderliche Anweisungen:*
   - *normale und Höchst-Dosierung,*
   - *Art und Weg der Verwendung,*
   - *Häufigkeit der Verwendung, erforderlichenfalls mit Zeitpunkt,*
     sowie gegebenenfalls je nach Art des Produkts:
   - *Dauer der Behandlung,*
   - *Maßnahmen für den Fall einer Überdosierung (Symptome, Erste-Hilfe-Maßnahmen und Gegenmittel),*
   - *Maßnahmen für den Fall, daß die Verabreichung unterlassen wurde,*
   - *Art und Weise der Beendigung der Behandlung;*

e) *eine Beschreibung der unerwünschten Wirkungen (Nebeneffekte), die nach Möglichkeit unter Angabe ihres Ausmaßes und der zu ergreifenden Gegenmaßnahmen. Handelt es sich um ein neues Arzneimittel, so wird der Patient ausdrücklich aufgefordert, seinem Arzt oder Apotheker jede unerwünschte Wirkung mitzuteilen, die in der Packungsbeilage nicht aufgeführt ist (Produktbeobachtung!)*

f) *Verfalldatum*
   - *Warnung vor Überschreitung,*
   - *Vorsichtsmaßnahmen für die Aufbewahrung,*
   - *Warnung vor sichtbaren Anzeichen dafür, daß ein Medikament nicht mehr zu verwenden ist;*

g) *weitere Informationen, die für die Gesundheitsaufklärung wichtig sind, sofern sie keine Werbung enthalten.*

Art. 9

Die Packungsbeilage ist eindeutig und für den Patienten in den offiziellen Sprachen des Mitgliedstaates abzufassen, in dem das Arzneimittel in Verkehr gebracht wird. Diese Bestimmung steht einer Abfassung der Packungsbeilage in mehreren Sprachen nicht entgegen, sofern in allen verwendeten Sprachen dieselben Angaben gemacht werden.

Art. 10

Die Mitgliedstaaten können das Inverkehrbringen von Arzneimitteln auf ihrem Hoheitsgebiet nicht aus Gründen, die mit der Packungsbeilage zusammenhängen, untersagen oder verhindern, sofern diese mit den Vorschriften dieses Kapitels übereinstimmt.

Allgemeine und Schlußbestimmungen

Art. 11

(1) Ein oder mehrere Muster oder Modelle der äußeren Umhüllung und der Primärverpackung sowie ein Entwurf der Packungsbeilage sind den für die Erteilung der Genehmigung für das Inverkehrbringen zuständigen Behörden vorzulegen.

(2) Jede geplante Änderung der äußeren Umhüllung, der Primärverpackung oder der Packungsbeilage ist den für die Erteilung der Genehmigung für das Inverkehrbringen zuständigen Behörde ebenfalls vorzulegen. Haben die zuständigen Behörden innerhalb von 90 Tagen nach Vorlage des Antrags keine Einwände gegen die geplante Änderung vorgebracht, so kann der Antragsteller die Änderung vornehmen.

(4) Die Tatsache, daß die zuständigen Behörden das Inverkehrbringen eines Arzneimittels aus Gründen im Zusammenhang mit der Etikettierung oder der Packungsbeilage nicht verweigert haben, hat keinen Einfluß auf die zivilrechtliche Haftung des Herstellers und gegebenenfalls der für das Inverkehrbringen verantwortlichen Person.

Art. 12

(1) Bei Nichteinhaltung der Vorschriften dieser Richtlinie können die zuständigen Behörden der Mitgliedstaaten nach einer erfolglosen Aufforderung an den Betroffenen die Genehmigung für das Inverkehrbringen aussetzen, bis die Etikettierung und die Packungsbeilage des betreffenden Arzneimittels mit den Vorschriften dieser Richtlinie in Einklang gebracht worden sind.

Spielzeugverordnung (11/166c und 12/II/113)

Die Verordnung über die Sicherheit von Spielzeug vom 21. 12. 89 ist besonders lehrreich, weil sie die Zielgruppe Kinder betrifft, die z. T. nicht lesen kann, deren Sinnesorgane und Reaktionen teilweise noch nicht wie die von Erwachsenen entwickelt sind, die auch weniger verstandkontrolliert Spielzeug benutzen und aus diesen Gründen besonders schutzbedürftig sind. Anhang IV der Verordnung lautet:

Gefahrhinweise und Gebrauchsvorschriften

Spielzeug muß mit gut lesbaren und geeigneten Hinweisen zur Verringerung der bei seiner Verwendung auftretenden Gefahren, wie sie die wesentlichen Sicherheitsanforderungen vorschreiben, versehen sein, und zwar insbesondere mit folgenden Angaben:

1. *Spielzeug, das **nicht für Kinder unter 36 Monaten** bestimmt ist*

    Spielzeug, das für Kinder unter 36 Monaten gefährlich sein kann, trägt z. B. den Vermerk „Nicht für Kinder unter 36 Monaten geeignet" oder „Nicht für Kinder unter drei Jahren geeignet", ergänzt durch den Hinweis – der auch aus der Gebrauchsanweisung hervorgehen kann – auf die Gefahren, die diese Einschränkungen begründen.

    Diese Bestimmung gilt nicht für Spielzeug, das ganz offensichtlich nicht für Kinder unter 36 Monaten bestimmt sein kann.

2. *Rutschbahnen, Hängeschaukeln, Ringe, Trapeze, Seile und ähnliche Spielzeuge, montiert an Gerüsten.*

    Diesem Spielzeug liegt eine Gebrauchsanweisung bei, in der auf die Notwendigkeit einer regelmäßigen Überprüfung und Wartung der wichtigsten Teile hingewiesen wird (Aufhängung, Befestigung, Verankerung am Boden usw.) und darauf, daß bei Unterlassung solcher Kontrollen Kipp- oder Sturzgefahr bestehen kann. Ebenso müssen Anweisungen für eine sachgerechte Montage gegeben werden sowie Hinweise auf die Teile, die bei falscher Montage zu einer Gefährdung führen können.

3. *Funktionelles Spielzeug*

Als funktionell gilt Spielzeug, das – häufig als verkleinertes Modell – die gleichen Funktionen wie für Erwachsene bestimmte Geräte oder Anlagen erfüllt.

Funktionelles Spielzeug oder seine Verpackung trägt den Vermerk „Achtung! Benutzung unter Aufsicht von Erwachsenen". Ihm liegt darüber hinaus eine Gebrauchsanweisung bei, die die Anweisungen für den Betrieb sowie die vom Benutzer einzuhaltenden Vorsichtsmaßregeln enthält mit dem Hinweis, daß sich die Benutzer bei ihrer Nichtbeachtung den – näher zu bezeichnenden – Gefahren aussetzt, die mit dem Gerät oder Erzeugnis verbunden sind, deren verkleinertes Modell oder Nachbildung das Spielzeug darstellt. Es wird ferner darauf hingewiesen, daß das Spielzeug nicht in Reichweite von Kleinkindern aufbewahrt werden darf.

4. *Spielzeug, das als solches gefährliche Stoffe oder Zubereitungen enthält; chemisches Spielzeug*

   a) *Unbeschadet der Anwendung der Bestimmungen, die in den Gemeinschaftsrichtlinien über die Einstufung, Verpackung und Kennzeichnung gefährlicher Stoffe und Zubereitungen vorgesehen sind, verweist die Gebrauchsanweisung für Spielzeug auf den gefährlichen Charakter dieser Stoffe sowie auf die von dem Benutzer einzuhaltenden Vorsichtsmaßregeln, damit die mit dem Gebrauch des Spielzeugs verbundenen Gefahren, die je nach dessen Art kurz zu beschreiben sind, ausgeschaltet werden. Es werden auch die bei schweren Unfällen aufgrund der Verwendung dieser Spielzeugart erforderlichen **Erste-Hilfe-Maßnahmen** angeführt. Ferner wird darauf aufmerksam gemacht, daß dieses Spielzeug **außer Reichweite von Kleinkindern** gehalten werden muß.*

   b) *Neben den unter Buchstabe a) vorgesehenen Angaben trägt chemisches Spielzeug auf der Verpackung den Vermerk „Achtung! Nur für Kinder über ... Jahren (das Alter ist vom Hersteller festzusetzen). Benutzung unter Aufsicht von Erwachsenen".*

   Als chemisches Spielzeug gelten hauptsächlich: Kästen für chemische Versuche, Kästen für Kunststoff-Vergußarbeiten, Miniaturwerkstätten für Keramik, Email- und fotografische Arbeiten und vergleichbares Spielzeug.

5. *Skate-Boards und Rollschuhe für Kinder*

   Werden diese Erzeugnisse als Spielzeug verkauft, so tragen sie den Vermerk „Achtung! Mit Schutzausrüstung zu benutzen" (4/28 b).

   Außerdem wird in der Gebrauchsanweisung darauf hingewiesen, daß das Spielzeug mit Vorsicht zu verwenden ist, da es große Geschicklichkeit verlangt, damit Unfälle des Benutzers und Dritter durch Sturz oder Zusammenstoß vermieden werden. Angaben zu der geeigneten Schutzausrüstung (Schutzhelme, Handschuhe, Knieschützer, Ellbogenschützer usw.) werden ebenfalls gemacht.

6. *Wasserspielzeug*

   Wasserspielzeug im Sinne von Anhang II Nummer II Ziffer 1 Buchstabe f) trägt die Aufschrift: „Achtung! Nur im flachen Wasser unter Aufsicht verwenden".

Chemikaliengesetz und Gefahrstoffverordnung (11/289)

Aus Sicht von Gebrauchsanleitung verdienen **Gefahrenstoffe** besondere Aufmerksamkeit, denn sie **sind**

- überall,
- für unsere Sinne vielfach nicht erkennbar,
- nicht plötzlich, sondern über längere Zeiträume gefährlich, ja tödlich,
- schaden u. U. erst indirekt über Wechselwirkungen,
- liegen außerhalb unserer persönlichen Ausbildungs-, Erfahrungs- und Vorstellungswelt,
- narren den „gesunden Menschenverstand" hinsichtlich der Risikoeinschätzung,
- vermehren sich,
- bedrohen Person, Sachen, Vermögen und Umwelt.

Das **Chemikaliengesetz** trat 1980 in Kraft und hat das Ziel, Mensch und Umwelt vor Schäden durch gefährliche Stoffe zu bewahren, insbesondere durch Einstufung, **Kennzeichnung** und Verpackung zugelassener Gefahrenstoffe. Das 1. Änderungsgesetz vom 18. 1. 1990 enthält für Anleitungen folgende wichtige Neuregelungen:

Der **Begriff der Gefahrenstoffe** wird erheblich erweitert, indem er auf **Erzeugnisse ausgedehnt** wird, die gefährliche Stoffe oder Zubereitungen enthalten oder freisetzen können.

Erstmals wird vorgesehen, daß auch Erzeugnisse kennzeichnungspflichtig gemacht werden können, die bestimmte gefährliche Stoffe oder Zubereitungen **nicht** enthalten (sog. „**Negativ-Kennzeichnung**").

Dem Verbraucher wird es damit ermöglicht, sich über schadstofffreie Alternativprodukte zu informieren. Über **marktwirtschaftliche Mechanismen** kann somit der Umstieg auf weniger gefährliche Produkte gefördert werden. Aufgrund der Ermächtigung wird es z. B. möglich, für Spraydosen, die nicht Fluorchlorkohlenwasserstoffe als Treibmittel enthalten, eine Kennzeichnung mit „FCKW-frei" vorzuschreiben.

Die GefStoffVO ist wie folgt gegliedert:

I	**Zweck** § 1	
II	Inverkehrbringen, insb. **Einstufung – Kennzeichnung – Verpackung** § 2–13	
III	**Umgang** mit Gefahrstoffen § 14–36	
IV	**Straftaten** und Ordnungswidrigkeiten § 37–43	
V	Schlußvorschriften § 33–46	
	Anhang I:	**Einstufung und Kennzeichnung Gefahrensymbole R- und S-Sätze** Besondere Zubereitungen
	Anhang II:	Umgang mit **krebserregenden**, fruchtschädigenden und erbgutverändernden Gefahrstoffen
	Anhang III:	Umgang mit chronisch schädigenden Gefahrstoffen (z. B. Blei)
	Anhang IV:	Umgang mit entzündlichen und explosiven Stoffen
	ANhang V:	Vorsorgeuntersuchungen
	Anhang VI:	**Liste eingestufter Gefahrenstoffe**

Aufgrund der in den §§ 13 und 14 ChemikalienG vorgesehenen **Einstufungs-, Verpackungs- und Kennzeichnungspflicht** ist am 26. 8. 1986 die **GefahrstoffVO** ergangen. Mit der GefStoffVO wurden 36 Verordnungen abgelöst und 13 EG-Richtlinien in nationales Recht umgesetzt.

Die GefahrstoffVO soll das Inverkehrbringen und den Umgang mit gefährlichen chemischen Stoffen und Zubereitungen regeln einschließlich ihrer Aufbewahrung, Lagerung und Vernichtung (§ 1), mit dem Ziel, den Gesundheitsschutz des Menschen am Arbeitsplatz und in seiner privaten Sphäre als Verbraucher durch stoffbezogene Maßnahmen zu verbessern und die Umwelt vor stoffbedingten Schädigungen zu schützen.

Hiernach müssen auf den Verpackungen und in den Gebrauchsanleitungen die Bezeichnung des Stoffes, die Bestandteile der Zubereitung, die Gefahrensymbole mit den dazugehörigen Gefahrenbezeichnungen, Hinweise auf die besonderen **Gefahrensätze, Sicherheitsratschläge** etc. vermerkt sein. Krebserzeugende Stoffe sind zusätzlich mit der Aufschrift „Kann Krebs erzeugen" zu kennzeichnen, die Art der Anbringung ist detailliert festgelegt.

Gefährliche **Zubereitungen** sind im besonderen Oberflächenbehandlungsmittel, Pestizide und Lösungsmittel.

Besonders genau sollte jeder, der in seiner Anleitung Gefahrenstoffe zu berücksichtigen hat, sich ansehen die

Gefahrensymbole und -bezeichnungen

R-Sätze zur Gefahrenkennzeichnung

S-Sätze für Schutzhinweise

Sehr giftig   Mindergiftig

Es stehen rund je 60 R- und S-Sätze zur Verfügung. Auf Gefahren kann mit maximal 4 dieser Standardsätze hingewiesen werden. Es gibt eine ganze Reihe von Produkthaftungsurteilen, die allein darauf beruhen, daß mit falschen bzw. zu schwachen R- und S-Sätzen gewarnt worden war.

Verharmlosende Angaben wie:
- Nicht giftig
- Nicht gesundheitsschädlich
- Nicht kennzeichnungspflichtig
- Nicht schädlich bei bestimmungsgemäßem Gebrauch
- Nicht umweltgefährlich

oder ähnliche sind nach § 3 Abs. 4 der GefStoffVO **ausdrücklich untersagt**.

Dies ist weniger selbstverständlich als es in dieser abstrakten Form klingt. Anläßlich der Einkäuferschulung in Produktsicherheit bei einem Handelshaus fand nach dem gemeinsamen Mittagessen eine Begehung des Ausstellungsraums statt. In 20 Minuten wurden 5 Anleitungen gefunden, die ohne Zurückweisung entweder von Gewerbeaufsichtsämtern beanstandet würden oder im Ernstfall eine Haftung des Handelshauses heraufbeschwören könnten. Der noch harmloseste Fall war die Kollision eines „Schweizer Qualitätsproduktes" mit der GefStoffVO. Der erste Eindruck: Ein chemisches Wunder, denn es „frißt Rost schnell und garantiert", aber es schont offensichtlich menschliches Gewebe, denn es gab nicht einen Hinweis auf Restrisiken oder Schutzmaßnahmen. Diese lassen sich nur aus Formulierungen erahnen wie:

Ohne aggressive Lösungsmittel (aber?)
Frei von Salz- und Phosphorsäure (aber nicht von?)
Giftklassenfrei (aber?)
Umweltfreundlich (relativ zu was?)

Eine ausschließlich positive Darstellung muß bei gewissenhaften Anwendern Mißtrauen wecken. Stimmt alles, dann möchte er auch wissen, wie diese Ausnahme zustandekommt, was den Rost frißt und ob er definitiv auf Schutzvorkehrungen verzichten kann. Hier kommt's wohl auf die Dosierung an, die aber beim Laien, an den sich das Produkt wendet, auf Unkenntnis stößt. Fehlt dem gewissenhaften oder auch nur ängstlichen Laien die Information, die sein Vertrauen zu gewinnen vermag, wird er hier durchaus sachlogisch die Wirksamkeit des Produktes anzweifeln oder gefühlsseitig die Seriosität der Aussage. All dies muß ein Einkäufer bei den Anleitungen seiner Zulieferanten erkennen, bewerten, abstellen; die Anleitung ist für seinen Erfolg ebenso wichtig wie das Produkt selbst.

Nr. C 33/18

Amtsblatt der Europäischen Gemeinschaften

13.2.90

ANHANG I

Anhang II der Richtlinie 67/548/EWG wird durch Hinzufügung des folgenden Symbols geändert:

umweltgefährlich

5.3.3 EG-Richtlinien

Produktsicherheitsrichtlinien-Entwurf

	Die ProdSiR
Zielt auf...	Durchsetzung der Haftungsordnung
Ergänzt sie...	durch vorbeugende Sicherheit
Gilt generell...	für jedes Produkt und jede gewerbliche Tätigkeit
Gebietet...	Institutionalisierung der ProdSiR
	Restrisikoschutz auf Selbstschutzfähigkeit abzustellen
	Produktbeobachtung

Bedeutung:
Das Risiko, andere unzureichend geschützt zu haben, steigt insbes. grenzüberschreitend

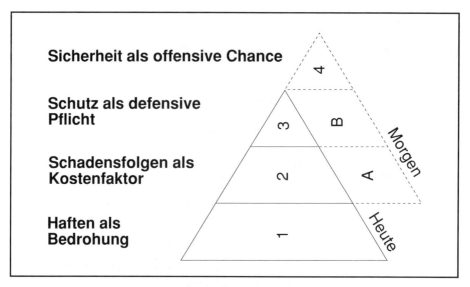

Die ProdSiR ist zukunftsweisend (11/307; 12/I/61). Begrüßt wird sie z. Zt. nur von Frühadaptoren (4), die in dem wachsenden Bedürfnis nach unteilbarer, ganzheitlicher Sicherheit ihre Chance sehen. Der Rest in Industrie und Handel verficht die Einstellungen 1 bis 3.

Es geht dieser Richtlinie nicht darum, Schäden nachträglich zu ersetzen, auch nicht um Verbesserung des Schutzes vor Bedrohung, sondern um verbesserte Lebensqualität durch **vorbeugende** Sicherheit. Gleichzeitig soll diese übergreifende Konzeption Richtmaß darstellen, wenn Regelungslücken auftreten.

Im Sinne dieser Richtlinie (C 156/10 v. 27.6.90) gilt als

a) „**Produkt**" *jedes industriell hergestellte, verarbeitete oder landwirtschaftliche Produkt, das entgeltlich oder unentgeltlich im Rahmen eines Geschäftsbetriebs geliefert wird, unabhängig davon, ob es neu, gebraucht oder wiederaufgearbeitet ist;*

b) *„***sicheres Produkt**" *jedes Produkt, das* **während seiner vorhersehbaren Gebrauchsdauer** *keine oder nur geringe, mit seiner Verwendung zu vereinbarende und unter Wahrung eines hohen Schutzniveaus für die Gesundheit und Sicherheit von Personen vertretbare Gefahren birgt*

– *aufgrund seiner Zusammensetzung, seiner Ausführung, seiner Verpackung, seiner Aufmachung und seiner Etikettierung, der Bedingungen für seinen Zusammenbau, seine Wartung oder seine Beseitigung, seiner* **Gebrauchs- und Bedienungsanleitung,** *seiner unmittelbaren oder mittelbaren Einwirkung auf andere Produkte oder seiner Verbindung mit anderen Produkten;*

– *bei einer Verwendung entsprechend seinem Gebrauchszweck oder in einer vernünftigerweise vorhersehbaren Weise, insbesondere unter Berücksichtigung aller vom Lieferanten oder in seinem Namen dazu abgegebenen Erklärungen und vor allem des üblichen Verhaltens von Kindern.*

Die Möglichkeit, einen höheren Sicherheitsgrad zu erreichen, oder die Verfügbarkeit anderer Produkte, die eine geringere Gefährdung aufweisen, ist kein ausreichender Grund, um ein Produkt als „nicht sicher" oder „gefährlich" anzusehen;

c) „**gefährliches Produkt**" jedes Produkt, das nicht der Begriffsbestimmung des sicheren Produkts gemäß Buchstabe b) dieses Artikels entspricht;

d) „**Lieferant**"
- der Hersteller des Produkts, wenn er seinen Sitz in der Gemeinschaft hat, und jeder, der als Hersteller auftritt, indem er auf dem Produkt seinen Namen, sein Markenzeichen oder ein anderes Unterscheidungszeichen anbringt;
- der Bevollmächtigte des Herstellers, wenn dieser seinen Sitz nicht in der Gemeinschaft hat, oder in Ermangelung eines Bevollmächtigten der Importeur des Produkts;
- Händler oder sonstige Gewerbetreibende der Produktions- und Absatzkette, soweit ihre Tätigkeit die Sicherheitseigenschaften eines auf den Markt gebrachten Produkts beeinträchtigen kann;
- der gewerbsmäßige Lieferant von gebrauchten und/oder wiederaufgearbeiteten Produkten.

Artikel 3 Allgemeine Sicherheitspflichten

(1) Lieferanten dürfen ausschließlich sichere Produkte auf den Markt bringen. Die Mitgliedstaaten erlassen alle erforderlichen Rechtsvorschriften, damit die Lieferanten diesen Verpflichtungen nachkommen.

(2) Die Lieferanten müssen im Rahmen ihrer Geschäftstätigkeit insbesondere
- dem potentiellen Verwender oder Verbraucher **einschlägige Informationen** erteilen, damit er die an sich vertretbare Gefährdung durch ein Produkt, die weder unmittelbar erkennbar, noch von unerheblicher Natur ist, beurteilen und sich während der gesamten voraussehbaren Gebrauchsdauer des Produkts dagegen schützen kann. Ein **Warnhinweis** ist weder ein Mittel, um sich der allgemeinen Sicherheitspflicht zu entziehen, noch ein Mittel der Entlastung, falls sich das Produkt als gefährlich erweist;
- angemessene Maßnahmen treffen, die den Eigenschaften der von ihnen gelieferten Produkte entsprechen und die **Möglichkeit** bieten, deren Sicherheit in geeigneter Weise zu überwachen, damit sie **imstande sind, die von diesen Produkten ausgehenden Gefahren richtig zu erkennen,** diesbezügliche Hinweise zu prüfen und zu deren Vermeidung zweckmäßige Maßnahmen, einschließlich des Rückrufs des betreffenden Produkts oder seiner Rücknahme vom Markt zu treffen.

Die zur Überwachung der Produkte zu treffenden Maßnahmen umfassen insbesondere, sofern zweckmäßig, die **Kennzeichnung der Produkte** oder des Produktpostens in einer Weise, die ihre spätere Erkennung ermöglicht, die Durchführung von Stichprobenversuchen der in den Verkehr gebrachten Produkte und die Festlegung **systematischer Verfahren der Prüfung und Untersuchung von Beschwerden.**

(3) **Händler** und sonstige Gewerbetreibende der Produktions- und Absatzkette, die keine Lieferanten sind, müssen sorgfältig handeln, um zur Einhaltung der allgemeinen Sicherheitspflicht beizutragen. Im Rahmen ihrer Geschäftstätigkeit müssen sie vor allem **an der Überwachung der Sicherheit der auf dem Markt befindlichen Produkte mitwirken,** insbesondere durch Weitergabe von Hinweisen auf eine von den Produkten ausgehende Gefährdung und durch Mitarbeit an Maßnahmen zur Vermeidung dieser Gefahren.

Artikel 6 Pflichten und Befugnisse der Mitgliedstaaten

(1) Die Mitgliedstaaten erlassen geeignete Maßnahmen, um

a) die Sicherheitseigenschaften eines Produkts, auch nachdem es als sicher auf den Markt gebracht wurde, in angemessenem Umfang bis zur Stufe des Endgebrauchs oder Endverbrauchs oder gegebenenfalls der Beseitigung zu überprüfen (Bmk.: Beinhaltet Anleitungen)

b) *von allen Beteiligten alle einschlägigen Informationen zu verlangen;*

e) *in geeigneter Form, insbesondere durch öffentliche Warnungen, Warnungen an alle, die der betreffenden Gefahr ausgesetzt sein können, und* **Warnhinweise** *auf den betreffenden Produkten auf die von einem Produkt ausgehende Gefährdung hinzuweisen, um diese sicher zu machen;*

f) *geeignete Beschränkungen für den Vertrieb und das Inverkehrbringen sowie gegebenenfalls für die Beseitigung eines gefährlichen Produkts anzuordnen;*

g) *geeignete Änderungen an einem Produkt oder an einer Produktreihe zu verlangen und diese sicher zu machen;*

h) *die Fertigung oder das Inverkehrbringen eines Produkts vorübergehend oder endgültig zu verbieten;*

i) *die Rücknahme oder den Rückruf eines bereits auf dem Markt befindlichen gefährlichen Produkts und gegebenenfalls dessen Vernichtung unter geeigneten Bedingungen einzuleiten;*

j) *wenn deutliche und übereinstimmende Anzeichen vorliegen, daß ein Produkt gefährlich ist und eine schwerwiegende und unmittelbare Gefahr darstellt,*

– *das betreffende Produkt auf jeder Stufe seines Produktionsprozesses oder seiner Vertriebskette während der für die Vornahme von Analysen zur Überprüfung dieses Umstandes erforderlichen Zeit von nicht mehr als drei Monaten zu beschlagnahmen;*

– *eine Entscheidung zu treffen, mit der es ihren Empfängern für einen Zeitraum von höchstens drei Monaten ab dem darin angegebenen Zeitpunkt verboten wird, das betreffende Produkt zu liefern, zur Lieferung anzubieten oder auszustellen.*

Maschinen-Richtlinie

Diese Richtlinie hat als Kern des künftigen GSG grundlegende Bedeutung. Bezüglich des ihr zugrundeliegenden Konzepts der „integrierten Sicherheit" verfolgt sie das inzwischen übliche Stufenkonzept:

(1) Einen von allen Maschinen einzuhaltenden Sicherheitssockel, auf dessen allgemeine Merkmale bei fehlender Euronorm Bezug genommen werden kann.

(2) Spezifische Gefahrenquellen bei Maschinen mit erhöhten Risiken zusätzlich zu regeln.

Auszüge aus Anhang I des Richtlinienentwurfs „Maschinen" (KOM (87) 564, Änderungen 16. 8. 88 und 21. 12. 89):

1.1.2 Grundsätze für die Integration der Sicherheit

a) *Der Hersteller muß bei der Entwicklung und dem Bau der Maschine die Unfallgefahren ermitteln, die Gesundheitsgefährdung abschätzen und die angemessensten Lösungen auswählen, um sie, unter Berücksichtigung des technischen Fortschritts, zu beseitigen oder auf ein Mindestmaß zu beschränken.*

Dies muß sich auf die gesamte Lebensdauer der Maschine mit allen Phasen erstrecken, vom Bau bis zur endgültigen Demontage.

b) *Bei der Wahl der angemessensten Lösungen muß der Hersteller folgende Grundsätze anwenden und zwar in der angegebenen* **Reihenfolge:**

– **Beseitigung** *oder Minimierung der* **Gefahren** *(Integration der Sicherheit in die Entwicklung und den Bau der Maschine).*

– *Ergreifen von notwendigen* **Schutzmaßnahmen** *gegen nicht zu beseitigende Gefahren.*

– **Unterrichtung der Benutzer von den Restgefahren** *aufgrund der nicht vollständigen Wirksamkeit der getroffenen Schutzmaßnahmen.*

c) Bei der Entwicklung und dem Bau der Maschine sowie bei der Ausarbeitung der **Bedienungsanleitung** muß der Hersteller die Sicherheit der Maschine genauso sorgfältig untersuchen und realisieren wie die anderen Funktionen der Maschine.

d) Bei der Entwicklung und dem Bau der Maschine sowie bei der Ausarbeitung der **Bedienungsanleitung** muß der Hersteller **nicht nur den normalen Gebrauch** der Maschine in Betracht ziehen, sondern **auch die zu erwartende Benutzung** der Maschine. Der Hersteller muß also sowohl die bei der vorgesehenen Verwendung der Maschine bestehenden Gefahren als **auch die durch voraussichtliche unübliche Situationen auftretenden Gefahren (z. B. Gefahren wegen eines Reflexes** oder aufgrund einer Betriebsstörung der Maschine) berücksichtigen. **Außerdem muß der Hersteller die zwar nicht vorgesehenen, aber gewohnheitsmäßig praktizierten Verwendungsarten** in Betracht ziehen. Daher **muß in der Bedienungsanleitung** erforderlichenfalls auf sachwidrige Verwendung der Maschine besonders **hingewiesen werden.**

e) Unter den vorgesehenen Benutzungsbedingungen müssen Belästigung, Ermüdung und psychische Belastung (Streß) des Bedienungspersonals unter Berücksichtigung der ergonomischen Grundsätze auf das mögliche Mindestmaß reduziert werden.

f) Der Hersteller muß bei der Entwicklung und dem Bau den Belastungen des Bedienungspersonals durch die notwendige oder voraussichtliche Benutzung von Mitteln zum persönlichen Schutz (z. B. Schuhe, Handschuhe usw.) Rechnung tragen.

1.7.2 Warnung vor **Restgefahren**

Bestehen trotz aller getroffenen Vorkehrungen weiterhin Gefahren oder handelt es sich um potentiel, nicht offensichtliche Gefahren (z. B. Schaltschrank, radioaktive Quelle, Reinigung eines Hydraulikkreises, Gefahr in einem nicht sichtbaren Teil usw.), **muß der Hersteller dies bekanntgeben.** Diese Warnungen müssen vorzugsweise **in für alle verständlichen Piktogrammen** dargestellt und/oder in einer **Sprache des Verwendungslandes** sowie auf Verlangen **ebenfalls in den vom Bedienungspersonal verstandenen Sprachen** abgefaßt sein.

1.7.4 **Bedienungsanleitung**

a) Jede Maschine muß mit einer Bedienungsanleitung mit den folgenden **Mindestangaben** versehen sein:
 – Hinweise auf Angaben über die Kennzeichnung,
 – normale Verwendungsbedingungen,
 – der oder die Arbeitsplätze, die vom Bedienungspersonal besetzt werden können,
 – Angaben, damit
   – die Handhabung, mit Angabe des Gewichts der Maschine sowie ihrer verschiedenen Bauteile, falls sie getrennt transportiert werden können,
 – die Installation,
 – die Montage,
 – die Einstellung,
 – die Instandhaltung (Wartung und Fehlerbeseitigung)
 gefahrlos durchgeführt werden können.
 Die Anleitung muß erforderlichenfalls auf sachwidrige Verwendung hinweisen.

b) **Die Bedienungsanleitung wird vom Hersteller aufgestellt.** Sie muß in einer der Sprachen des Verwendungslandes abgefaßt sein, und ihr muß vorzugsweise die gleiche Bedienungsanleitung in einer anderen Sprache der Gemeinschaft beigefügt sein, zum Beispiel in der Sprache desjenigen Landes, in dem der Hersteller niedergelassen ist.

c) Die Bedienungsanleitung beinhaltet die für die Inbetriebnahme, Wartung, Kontrolle, Überprüfung der Funktionsfähigkeit und, gegebenenfalls, Reparatur der Maschine notwendigen Pläne und Schemata sowie alle zweckdienlichen Angaben.

d) Hinsichtlich der **Sicherheitsaspekte** darf das **technische Merkblatt** zur Beschreibung der Maschine **nicht im Widerspruch zu der Bedienungsanleitung** stehen.

e) In der Bedienungsanleitung müssen erforderlichenfalls die Installations- und Montagevorschriften zur Verminderung von Lärm und Vibration enthalten sein (z. B. Verwendung von Geräuschdämpfern, Art und Gewicht des Sockels usw.).

f) In der Bedienungsanleitung müssen folgende **Angaben über** den von der Maschine ausgesandten **Luftschall** (tatsächlicher Wert oder anhand der Messung an einer identischen Maschine aufgestellter Wert) **enthalten sein:**

- der gewichtete entsprechende Dauerschalldruckpegel A an den Arbeitsplätzen des Bedienungspersonals, wenn er über 70 dB(A) liegt. Ist dieser Pegel niedriger als oder gleich 70 dB(A), genügt die Angabe „70 dB(A)";
- der nicht gewichtete Höchstwert des momentanen Schalldrucks, sofern er 63 Oa (130 dB gegenüber 20 NPA) übersteigt,
- der Schalleistungspegel der Maschine, wenn der gewichtete entsprechende Dauerschalldruckpegel A an den Arbeitsplätzen des Bedienungspersonals über 80 dB(A) liegt.

Die angegebenen Schalldaten müssen gemessen werden, indem entweder der der Maschine entsprechende genormte Meßcode verwendet wird, oder, falls dieser Code nicht existiert oder nicht benutzt wird, ein Meßcode der Klasse 2 (Gutachten).

Die Betriebsbedingungen der Maschine während des Meßvorgangs, die Meßpunkte und die Meßdauer sind in der anwendbaren Norm spezifiziert. In Ermangelung einer anwendbaren Norm müssen die Betriebsbedingungen einem repräsentativen Arbeitszyklus während der üblichen Verwendung der Maschine entsprechen.

Wenn sich die Arbeitsplätze des Bedienungspersonals nicht festlegen lassen oder nicht festgelegt sind, sind die Schalldruckmessungen auf der Umhüllungskurve in 1 m Entfernung von der Maschine, und zwar an der Stelle, wo der Pegel am höchsten ist, vorzunehmen.

Der Hersteller muß die verwendeten Meßverfahren und die Bedingungen, unter denen die Messungen durchgeführt wurden, angeben.

(Bmk.: Der ausgeprägte Lärmschutz in den EG-Richtlinien ist darauf zurückzuführen, daß Lärm die häufigste Gesundheitsbeeinträchtigung am Arbeitsplatz darstellt).

g) Ist vom Hersteller die Verwendung der Maschine in **explosibler Atmosphäre** vorgesehen, müssen in der Bedienungsanleitung alle notwendigen Hinweise enthalten sein.

2. **Zusätzliche Sicherheitsanforderungen** für bestimmte Maschinengattungen

2.1 **Nahrungswirtschaftliche Maschinen**

Bedienungsanleitung:

In Ergänzung müssen in der Bedienungsanleitung die empfohlenen Reinigungs-, Desinfizierungs- und Spülmittel und -verfahren angegeben werden (nicht nur für die leicht zugänglichen Teile, sondern auch für den Fall, daß eine Reinigung an Ort und Stelle bei den Teilen notwendig ist, deren Zugang unmöglich ist oder nicht empfohlen wird, z. B. bei Rohrleitungen).

2.2 **In der Hand tragbare Maschinen**

Bedienungsanleitung:

In der Bedienungsanleitung muß folgende Angabe über die von den von Hand gehaltenen und geführten Maschinen ausgehenden Vibrationen enthalten sein:

– die entsprechende Beschleunigung, der die oberen Körperteile ausgesetzt sind, falls sie über 5m/s² liegt.

Der Hersteller muß die verwendeten Meßverfahren und die Bedingungen, unter denen diese Messungen durchgeführt wurden, angeben.

5.4 Zusätzliche Hilfen und Checklisten

Lage:	Was muß/kann/darf ich? Was nicht?
Konzept:	Was will ich erreichen/nutzen/vermeiden?
Ziel:	Wieviel muß/soll herauskommen? Bis wann?
Strategie:	Welche treibenden Kräfte kombiniere ich in welcher Richtung, wo und wann?

Risikopolitik ist eingebettet in normatives, strategisches und operatives Management. Je komplexer u./o. dynamischer die Anforderungen werden, um so ausgeprägter muß das normative Management sein;

„Lage" bedeutet zunächst die des Autors gegenüber dem Auftraggeber (und spiegelbildlich des Auftraggebers). Aus Sicht des Autors heißt z.B.:

MUSS – Die Zielvorgaben und Erwartungen an ihn (etwa an seine Fähigkeiten) sowie an die GA (verständliche Produktinformation, haftungsimmun, schutzwirksam oder sicher?)

KANN – Bin ich der Aufgabe gewachsen? Ist das erforderliche Fachteam beisammen? Stimmt meine Rolle darin? Steht nötiges, aber mir fehlendes Know-how zugriffsfähig und kooperationswillig zur Verfügung, muß ich es erst erschließen? Welche Methodik ist bekannt und akzeptiert? Erhalte ich die erforderlichen Informationen und Mittel? Welche Widerstände sind zu erwarten? Wie passen geäußerte Erwartungen und reale „Lage" zusammen?

DARF – Sind meine Pflichten von äquivalenten Rechten gestützt? Welche Rückendeckung habe ich? Welche Zuständigkeit und Verantwortung wird mir formal verliehen?

„Lage" bedeutet auch das Beziehungsgeflecht der GA zu den Einflußgrößen des SOR-Modells und die sich daraus ableitenden Aufgaben. Beides läßt sich auch auf anderen Wegen ermitteln als es im Vortext vorgeschlagen wurde. Ausschlaggebend bleibt aber, daß Sie die situative Ganzheit des Ihre GA betreffenden Produkt-Mensch-Bezugswelt-Systems vollständig erfassen und es verstehen, daraus die für die Nutzung und den Selbstschutz wesentlichen Zusammenhänge und Potentiale zu selektieren und zu interpretieren. Diese Einsicht sollte bei Ihnen ein schlechtes Gewissen auslösen, sobald die Versuchung an Sie herantritt, Teilbetrachtungen anzustellen (sei es aus fachlicher Tunnelperspektive, modischer Einseitigkeit, zur Reparatur lästiger Schwachstellen) oder den pragmatischen Weg vom Symptom zum konkreten Handeln einzuschlagen ohne sich zuvor über die vorsteuernden, „theoretischen" Zusammenhänge klar geworden zu sein. Dies ist natürlich auch ein Dilemma, das im Verhältnis Autor zu Auftraggeber und zwischen den Mitgliedern des Lösungs-Teams immer wieder auftritt und dann regelmäßig Kompromisse zugunsten der Zusammenarbeit erfordert.

Nicht als Instrument, sondern als Anregung von der Lagebestimmung über die Strategiefindung bis zur operativen medientechnischen Umsetzung sind die folgenden Hinweise gedacht.

Zur Lage:

Ist Kenntnis und Berücksichtigung sicher gestellt der
- Produkt-Diffusionsweite
- Grenzbenutzer der Zivilisationsschere und der abzudeckenden Heterogenität
- berechtigten Sicherheitserwartungen
- sozialüblichen (Fehl-)Benutzung
- Restrisikoverschiebungen im Laufe der Lebensphasen des Produktes
- Beinahschäden
- zu befolgenden technischen und rechtlichen Regelungen
- einschlägigen Gerichtsurteile
- Sanktionsfreudigkeit und -durchsetzbarkeit der Marktkräfte
- Sicherheitsbedürfnisse, die Wettbewerbsvorsprung verheißen
- sich andeutenden Anspruchs-/Gesetz-Veränderungen?

Zum Konzept

- Berücksichtigung Produkt-Sicherheits-Politik/Leitlinie
- Wahl des Chancen/Risiko-Verhältnisses (Produkt, Region, Bedarfssegment)
- Wahl von Grenz- und Restrisiken
- Risikostrategie zu deren Bewältigung
- Aufgabenzuteilung an technische und hinweisende Sicherheit
- Kostenbudget Anleitung im Verhältnis zu anderen Medien
  (z. B. Werbung oder Produktinformation)
- Haftungsdichte, schutzwirksame oder offensive sichere Anleitungen?

Ziele von Anleitungen

Qualitativ:
- Produkt-Verkehrsordnung einhalten
- Realistische Risikoeinstellung
- Verantwortungsgefühl für Kundensicherheit fördern
- Image im Markt stärken
- Nutzen/Kosten-Verhältnis für Kunden verbessern

Quantitativ:
- Null-Fehlbedienung zugewiesener Restrisiken
- Reklamationsrate senken
- Lernzeit für Benutzer kürzen und angenehm gestalten
- Dokumentation zur Anspruchabwehr

Zur Strategie

- Den Kunden „mitbestimmen" lassen (Tests vor Ort, Produktbeobachtung etc.)
- Sicherheitsmankos sind Bringschuld, Aufdeckung verdienstvoll (Berichtswesen, informelles Infonetz etc.)
- Interdisziplinäres Know-how und funktionsübergreifende Zusammenarbeit sicher stellen
- In allen Produktphasen mitwirken
- Klare Zuständigkeiten, zentralisierte Verantwortung
- Die lernpsychologische und motivationale Medienstrategie.

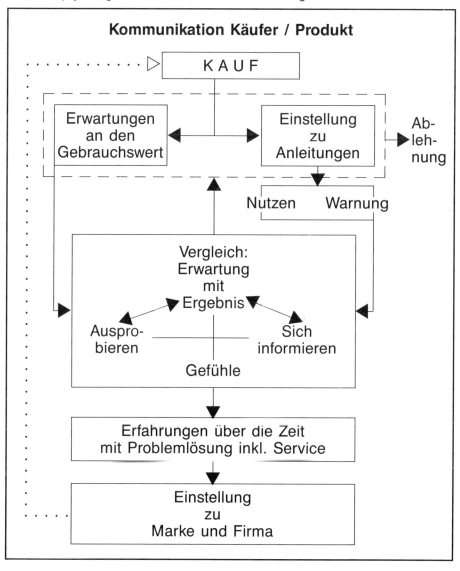

Eine interne Firmenstudie kam mit dem Modell Weimers zu folgender Checkliste für die „Stimuli" in ihren GA's:

... SITUATION	– Einstimmen auf Gefährdung
	– Fähigkeits- und fertigkeitsgerechte Aufgabenstellung
	– Verständnisanker für kommende Details legen
	– Günstige Arbeitsbedingungen
	– Instrumentelle Hilfen
... GEFÜHLE	– Bedrohlichkeit nehmen (z. B. Notstop, Schutzausrüstung)
	– Ansprache über situationsgerechte Assoziationen
	– Stressoren entlarven, über Zeitpunkt und Ursachen aufklären
	– Möglichkeiten aufzeigen, Stressoren zu beeinflussen
	– Beherrschung von Störungen zur Qualifikation aufwerten und belohnen
	– Aufzeigen von Zusammenhängen
... ERWARTUNGEN	– Gefährdende Heuristiken und Klischees aufdecken und korrigieren
	– Realistische Erfolgsdarstellungen
	– Nicht über-, aber auch nicht unterfordern
... VERHALTEN	– Methodische Richtungs- oder Fehlverhaltenshinweise
	– Organisatorische Hilfen
	– Rückbestätigung vorsehen
	– Erfolgserlebnisse in der gewünschten Richtung vermitteln.

Risikoanalysen für GA-Ersteller

Risikoanalysen betrachten entweder von der Wirkung die Ursache (Kriminalist, Anwalt) oder schließen umgekehrt „kasuistisch" von der Ursache auf mögliche Wirkungen (4/12). Früherkennung ist nur kasuistisch möglich (7/172). Allen kasuistischen Methoden gemein ist die Definition des Risikos als Produkt aus **Tragweite × Häufigkeit.** Doch es gibt methodische Ermittlungsunterschiede. Genannt seien die Grobanalyse potentieller Probleme nach Kepner-Tregoe, die Ausfall-Effekt-Analyse und die gerade im Gespräch befindliche FMEA (Fehler-Möglichkeits-und-Einfluß-Analyse) (5/247).

Kennzeichnend für die **FMEA** ist die Hinzunahme eines **dritten Risikofaktors,** der Entdeckbarkeit des Fehlers. Kundenseitig ließe sich dieser auch als **Akzeptanz-Niveau** formulieren; Beispiele sind unter 4/54 ff dargestellt. Die FMEA bildet nach Einzelbewertung der drei Faktoren (Häufigkeit) × (Tragweite) × (Akzeptanz) eine gemeinsame **Risiko-Prioritätszahl RPZ;** sie mißt nicht absolut, sondern relativiert die Risiken mit dem Ziel, die Kräfte schwerpunktartig konzentrieren zu können. Deshalb ist sie keine alleinige Entscheidungsbasis, sondern in Verbindung mit den Einzelbewertungen zu sehen.

Exogene Risikofaktoren

Mögliche Umfeldstörungen für Mensch u/o Produkt
Klima
Produkterhebliche kulturelle und soziale Werte, Gewohnheiten o. ä.
Rechtssystem
Marktzwänge (z. B. Aufsichtsämter, öffentliche Tests)
Gruppeneinflüsse

Produkt-Restrisiken

Art, Intensität, Richtung jeder zu berücksichtigenden Wirkung
a) Verletzungspotential ohne und mit zu berücksichtigender Eskalation
b) Auftretenshäufigkeit
c) Entdeckbarkeit durch Kunden bzw. Akzeptanz-Niveau
(Bewertung a x b x c ergibt Prioritäts- und Warnhinweise)

Risiko Benutzer

- Variationsbreite der Unkenntnis, Unerfahrenheit und Behinderungen, die nutzungs- und selbstschutzrelevant sind
- Irreführende Routine
- Situative Störungen aus Umfeld, Beeinträchtigungen der Bestimmungsgemäßheit
- Falsche Erwartungen an das Produkt
- Selbstüberschätzung
- Welche animistischen Verhaltens- und Denkfehler sind zu berücksichtigen?
- Welche Normalverhaltensweisen können zu Gefährdung führen?
  (z. B. Konditionierung auf Handhabung und Störbeseitigung bei Vorgängerprodukt)
- Bandbreite des Schadenspotentials nach Art, Tragweite und Richtung
- Welche Eskalationsmöglichkeiten hält das Sanktionspotential bereit?
- Prioritätsermittlung aus Bewertung von
  (Schadenspotential) x (Häufigkeit) x (Sanktionspotential des Marktes)
- Sind die hohen Prioritäten zufriedenstellend durch Anleitung und Warnung beherrschbar, entspricht dies den Sicherheitszielen?

Abgestufte Schutz-INTENSITÄT

Gefährdung

+ offenkundig
+ potentiellen Benutzern bekannt
+ Fachmann geläufig
+ für Umfeld der Anwender (z. B. Kinder)
+ für erhebliche Minderheiten und vorhersehbare Streuung (z. B. Indkt. Exp.)
+ bei naheliegender Fehlbenutzung
+ bei bekannt gewordenem Mißbrauch
+ seltenes, aber realistisches Zusammentreffen ungünstiger Umstände

**Händler-Schnellbeurteilung
von Hersteller-Anleitungen**

+ Ansprechend und vertrauensbildend?

+ Gebrauchsmöglichkeiten
  übersichtlich und prägnant?

+ Schutz vor Restrisiken richtig und vollständig?

+ Zielgruppengerecht?

+ Einfach und kommunikativ?

5.5 Medientechnische Gestaltung

GA's sollen Motivation und Handeln beeinflussen, die Wahrnehmung des Benutzers über die Situation den Gebrauchserfordernissen anpassen und Gefährdungen unterbinden. Um dies wirkungsvoll tun zu können, müssen GA's auf die Eigenheiten des menschlichen Aufnahme- und Verarbeitungs-„Systems" für Signale eingehen. Das ergibt didaktische Regeln — hier für die gedruckte GA — zur Aktivierung, Anschaulichkeit und Lehrmethodik, die mit medientechnischen Elementen wie Aufbereitung, Kodierung, Präsentation u. ä. umgesetzt werden. Gruppe 5 des Loseblattwerkes enthält dazu zahlreiche Hinweise. Die folgende Stichwortsammlung ist lediglich als Anregung und Denkstütze gedacht.

Kombiniert man die in Kapitel 5 vorgestellten Normen und Schutzgesetze, kommt man als Groborientierung zu folgender:

Grobgliederung für Gebrauchsanleitungen

1– Allgemeine Sicherheitshinweise (Einstufung, Kennzeichnung)
   Gesetzliche Sicherheitsvorschriften
2– Produktidentifizierung
   Bestimmungsgemäße Eignung, Normkonformität, technische Daten, Einsatzort, beschränkte Gebrauchsdauer, Störmöglichkeiten in Verbindung mit anderen Produkten
3– Anleitung
   zu den einzelnen Gebrauchsphasen an die Zielgruppen, über Umgang, Restrisiken und Warnung bei
   – Transport, Lagerung
   – Aufstellung, Einstellung
   – Funktionsnutzung, Schutzvorrichtungen, Überprüfbarkeit der Sicherheit, Angaben Luftschall etc.
   – Störbeseitigung
   – Pflege
   – Inspektion, Reparatur
   – Entsorgung
4– Zusammenfassung der Gefahren bestimmter Produktteile
5– Nach Bedarf:
   Ersatz-/Verschleißteil-Liste
   Zubehör (mit Warnungen)
   Ausbaumöglichkeiten
   Kundendienst-Anschriften
6– Stichwortverzeichnis

Erstellung einer Gebrauchsanleitung

1 – Benennung Projektleiter/Autorenteam
2 – Erfassung Nutzen-Erwartungen und Schutzerfordernisse der potentiellen Kunden (einschl. Umwelt)
3 – Transformation auf Technik und innerbetriebliche Funktionen (total quality-Prinzip)
4 – Interdisziplinäre Abstimmung, Aufgabenstellung für hinweisende Sicherheit, insbes.
   + Risikoanalyse
   + Gesetzliche Vorschriften
   + Abgrenzung bestimmungsgemäßer Gebrauch
   + Wie Produkt nutzen? (Anleitungsarten, z.B. Warten: Wann? Was? Beachte!)
   + Schutz vor Restrisiken
   + Kommunikation auf Selbstschutzvermögen einstellen
5 – Informationen sammeln, benutzerorientiert selektieren, geistig durchdringen

6 – Den roten Faden der Anleitung aus den einschlägigen Normen entwickeln
7 – Informationen aufbereiten und **zur Nullfassung** umsetzen. Einbindung des Anwenders in seine Pflichten und Produktbeobachtung nicht vergessen!
8 – Interne Review und **revidierte Fassung**
9 – Bewertung Qualitätsmerkmale und Wirkungstest (auch bei Störungen) durch
   a) Fachkundige Dritte
   b) Repräsentative Mittler
   c) Repräsentative Endkunden
10 – **Feinkorrigierte Endfassung**

Die Anleitung ist federführend für die hinweisende Sicherheit. Doch ihre verschiedenen Instrumente wollen auch untereinander abgestimmt sein (Kommunikations-Review). Es empfiehlt sich dafür eine Liste der Aussagen und Qualitätsmerkmale anzulegen, auf die es besonders ankommt, um sie vorgeben, einhalten und prüfen zu können.

Briefing an GA-Autoren
Produkt, Modellvariationen jetzt und künftig
Bestimmungsgemäßer Gebrauch
Kultur- und Rechts-Zielkreise
Benutzergruppierung (Vorkenntnisse, Erwartungen)
Absatzkanäle
Kann die GA als Betriebsanweisung verwendet werden?
Sicherheitsziele
Realisierungsstrategien
Rolle der GA darin (Budget?)

Gestaltung von GA's (auch 5/39 ff)
Allgemein:
- Verhältnis der GA zu flankierenden Medien/Informationen
- GA ist ein „Dialog"-Medium für alle Gebrauchsphasen
- GA frühzeitig und benutzernah mit technischer Sicherheit und Design abstimmen
- Risiko-Prioritäten mit besonderer Sorgfalt behandeln

Emotionale Beeinflussung:
- Aufmerksamkeit wecken (Orientierungsreize, Signale, Format etc.)
- Betroffenheit auslösen (Schlüsselreize, Symbole etc.)
- Assoziationsmuster gezielt nutzen
- Reaktive Verhaltensautomatismen ansprechen und berücksichtigen
- Auf die situativen Handlungserfordernisse hin motivieren und einstellen (nicht allgemein oder abstrakt)
- Geborgenheit und Sympathie ausstrahlen
- Emotionale Wertungshilfen bereitstellen

Moderiertes Lernen:
- Benutzer abholen wo er steht, Neues vertraut anpacken
- Nutzanwendung nach Lernzielen und Verstehensfolge gliedern
- Informationsbereitschaft aktivieren (z. B. durch Anschaulichkeit oder anregende Zusätze)
- Verständnis-Skelett zum Andocken der Details liefern (z. B. durch Schema oder Aufzeigen von Zusammenhängen)
- Lerninhalte mit Handhabung so koppeln, daß sich zwischen Benutzer und Produkt eine echte Kommunikation entwickelt
- Erfolgserlebnisse vermitteln, Lernspaß
- Was gemerkt werden muß hervorheben, auch durch originelle, ungewöhnliche Darstellung
- Prägnant-knapp-einfach sein, geeignet fürs Kurzzeitgedächtnis

Medientechnische Unterstützung:
- Gedruckte GA oder anderes Medium?
- Format
- Präsentations-Qualität:
  Papier, Farbe, Typographie, Handhabbarkeit, Ästethik u. a.
- Wieviele Sprachen?
- Welche Warnungen?
- Bildzeichen:
  + Wofür unerläßlich? (Z. B. Transformation in Vorstellungswelt der Benutzer)
  + Zur Wort-Unterstützung?
  + Art: Foto, Schnitt, Piktogramm, Cartoon, Tabelle, Diagramm etc.
- Sprache:
  + Kurze, einfache Sätze
  + Fachausdrücke meiden oder erklären
  + Mehrdeutigkeit als Sicherheits-Restrisiko behandeln
  + Eingeführte Worte, deren gewöhnliche Assoziationsmuster zur Situation passen (Übersetzungsproblem!)
- Informationsmenge aufbereiten:
  + Ein Bild kann 20 Worte ersetzen
  + Nach Wahrnehmungshierarchien ordnen (übersichtlich, folgerichtig, optische Vernetzungshilfen, Wesentliches ins Auge springend, Störfall-Auskunft zugriffsfreundlich)
- Anpaßbar an Modellvariationen?

Wirkung prüfen!
- Produktnutzung: + Erreichen der Lernziele
                    + Mit welchem Zeitaufwand?
- Schutzfunktion: + Fehlbedienungsrate beim Lernen
                    + Verhalten bei simulierten Störungen

WARNUNGEN müssen...

...Gefährdungen
für einen Blick rechtzeitig
signalisieren

...Natur und Schwere erkennen lassen

...SCHUTZ-Maßnahmen aufzeigen

...Jeden Benutzer erreichen und

...seiner „Aufnahmefähigkeit" entsprechen.

Wo endet Warnpflicht?

Bei...   ...offenkundiger Gefährdung

...ausreichendem Selbstschutzvermögen
der Anwender

...zweckfremden Gebrauch,
der nicht naheliegt.

Gestaltungsmittel (drucktechnische Risikosignale) für Warnungen
AUSRUF-SIGNAL: Signal besteht aus ein bis zwei Wörtern.
INSTRUKTIONS-GEBER: Enthält
                    + Identifizierung des Risikos
                    + Konsequenzen – falls Hinweis nicht beachtet wird
                    + Erklärung, wie sich Risiko vermeiden läßt.
BILD-GEBER: Risiko und/oder Konsequenzen werden illustrativ dargestellt
                    (hier Personifiziert zum „Mr. Autsch").
SYMBOL-GEBER: Kernbotschaft wird (verständlich auch für des Lesens Un-
                    kundige) symbolhaft aufbereitet.

Hazardous voltage inside.
Can shock, burn,
or course death.

Sprach-Didaktik

Wortwahl:
– Wörtlich genommen irreführend
  (wartungsfrei, ungefährlich, kindersicher)
– Reizwort mit Fehlassoziationen
  + „Produkthaftung" ist juristisch einseitig und risikoüberbesetzt
  + „Gütezeichen" wird garantieartige Merkmalszusicherung unterstellt
  + „feuergefährlich" weist nicht auf explosive, flüchtige Bestandteile hin
  + „kühl lagern" assoziiert Qualitätseinbußen, nicht Gesundheitsgefährdung
– Mehrdeutigkeit oder Ungenauigkeit (z. B. „bio")
– Über- und Untertreibungen
– Wort nicht hinreichend bildhaft, assoziiert nicht

Beschreibung:
– Unvollständig
– Unterlassene Aufklärung
– Meinung wie Tatsache vorbringen
– Wertung als Eigenschaft formulieren
– Schönen (Aus Umweltschädigung wird Betriebsstörung)
– Objektiv richtig, doch suggeriert nicht vorhandene Vorzüge

Manipulierend argumentieren
– Ergebnis ohne Prämissenangabe
– Saubere Bezugnahme zu unpassendem Bezugsfakt
– Mögliche Einwände vorwegnehmen

Psychologie der Farbe

Die folgenden Angaben sind Mehrheitsempfindungen im US-Kulturkreis und können individuell auch dort abweichen.

Farbe	Positiv	Negativ
Schwarz	unendlicher Raum Gewinn	Tod Nacht Brennstoff
Rot	Liebe Kraft	Blut Wut Verbot
Weiß	Hygiene Unschuld	Leere Sanftheit
Blau	Qualität Geordnet	melancholisch
Grün	Sicherheit Sommer	Fäulnis Neid

Orientierungsreize

Form, Farbe, Größe, Originalität, Symbole etc.

 Typografie

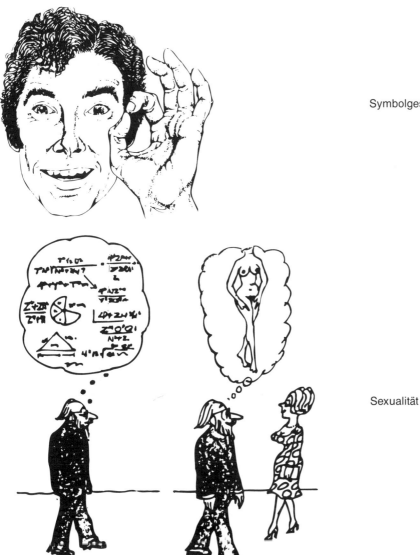

Symbolgestik

Sexualität

6 Zwölf Ausführungs-Beispiele
  – positive und negative

6.1 Traktoren

Die folgenden Auszüge stammen aus einer vorbildlichen Betriebsanleitung von John Deere*, die auch den von der VDMA-Fachgemeinschaft Landmaschinen- und Ackerschleppervereinigung (LAV) erarbeiteten Leitfaden berücksichtigt. Dieser stellt das Thema „Sicherheit" in den Vordergrund. Besonders beeindruckend ist der informative Charakter der Piktogramme und die Ausprache von assoziativen Mustern.

Die 135 Seiten starke DIN A 4-Betriebsanleitung ist grob wie folgt gegliedert:

> 1) **Sicherheitsmaßnahmen**
>   – allgemein
>   – Betrieb
>   – Wartung
>
> 2) **Bedienung und Kontrolle**
>   (mit beschrifteten Fotos, Tabellen, Zeichnungen)
>   – Einrichtung
>   – Motorbetrieb
>   – Fahren
>
> 3) **Funktionssysteme wie**
>   – Fahrerkabine
>   – Reifen und Ballast
>   – Hydraulik
>   – Zusatzausrüstungen u. a.
>
> 4) Wartung nach einzelnen Systemen wie Bremsen, Motor, elektrische Anlage
>
> 5) Störungen beheben
>
> 6) Technische Angaben
>
> 7) Wartungsnachweis
>
> 8) Stichwortzugriff

* Nachdruck erlaubt von Deere & Company
  Copyright 1989 (bzw. 1990) Deere & Company
  Alle Rechte vorbehalten

Umschlag-Innenseite:

SICHERHEIT

Dieses Zeichen soll auf die in der Betriebsanleitung enthaltenen Sicherheitshinweise aufmerksam machen. Befolgen Sie diese Hinweise, um Unfälle zu vermeiden.

Bei der Übergabe hat der Händler Ihnen die Bedienung und Wartung der Maschine erläutert. Lesen Sie diese Betriebsanleitung, bevor Sie die Maschine das erste Mal einsetzen, und beachten Sie unbedingt die Sicherheitshinweise.

WICHTIG: Die Einstellschrauben der Kraftstoffeinspritzpumpe sind verplombt. Bei Beschädigung der Plomben oder Erhöhung der maximalen Einspritzmenge und Motorleistung über die werksseitig festgelegten Werte hinaus erlischt der Gewährleistungsschutz für diese Maschine.

Sicherheitsmaßnahmen (allgemein)

WARNZEICHEN ERKENNEN

Dieses Zeichen macht auf die an der Maschine angebrachten oder in dieser Druckschrift enthaltenen Sicherheitshinweise aufmerksam. Es bedeutet, daß Verletzungsgefahr besteht.

Befolgen Sie alle Sicherheitshinweise sowie die allgemeinen Unfallverhütungsvorschriften.

T 81389

T81389-ESPDAG-260188

SICHERHEITSHINWEISE BEFOLGEN

Sorgfältig alle in dieser Druckschrift enthaltenen Sicherheitshinweise, sowie alle an der Maschine angebrachten Warnschilder lesen. Auf lesbaren Zustand der Warnschilder achten und fehlende oder beschädigte Schilder ersetzen.

Machen Sie sich vor Arbeitsbeginn mit der Handhabung der Maschine und ihrer Kontrolleinrichtungen vertraut. Während der Arbeit ist es dazu zu spät! Nie zulassen, daß jemand ohne Sachkenntnisse die Maschine betreibt.

Maschine stets in gutem Zustand halten. Unzulässige Veränderungen beeinträchtigen die Funktion, Betriebssicherheit und Lebensdauer der Maschine.

TS201

UNBEABSICHTIGTES ANFAHREN DER MASCHINE VERMEIDEN

Schwere oder tödliche Verletzungen durch unbeabsichtigtes Anfahren der Maschine vermeiden.
Der Motor darf nicht durch Kurzschließen der elektrischen Anschlüsse am Anlasser gestartet werden, da sich bei eingelegtem Gang die Maschine sonst sofort in Bewegung setzt.
Motor NIEMALS vom Boden, sondern nur vom Fahrersitz aus anlassen. Hierbei muß sich das Schaltgetriebe in Neutral- oder Parkstellung befinden.

TS177

TS177-ESPDAG-260188

UMGANG MIT CHEMISCHEN MITTELN

Die Kabinen-Luftfilter sind NICHT auf die Filterung chemischer Schadstoffe ausgelegt. Wird mit chemischen Mitteln gearbeitet, sind die Vorschriften des Herstellers und die Angaben in der betreffenden Geräte-Betriebsanleitung zu beachten.

SCHUTZKLEIDUNG UND LÄRMSCHUTZ

Enganliegende Bekleidung und entsprechende Sicherheitsausrüstung bei der Arbeit tragen.

Langanhaltende Lärmbelästigungen können zu Gehörschäden oder Taubheit führen.

Einen geeigneten Lärmschutz wie z.B. Schutzmuscheln oder Ohrstopfen verwenden.

Sicherheitsmaßnahmen (Betrieb)

BETRIEBSSICHERHEIT DER MASCHINE

Stets die Maschine vor dem Einsatz auf Fahr- und Betriebssicherheit überprüfen.

FAHREN DES TRAKTORS

Maschine nur in Betrieb nehmen, wenn alle Schutzvorrichtungen vorschriftsmäßig angebracht sind.

Vor dem Anfahren sicherstellen, daß sich niemand im unmittelbaren Maschinenbereich aufhält (dabei besonders auf Kinder achten). Gute Sicht muß gewährleistet sein.

VORSICHT BEIM ZAPFWELLENBETRIEB

Die Zapfwelle ist eine Gefahrenstelle höchsten Grades, die bei Nichtbeachtung der Sicherheitsmaßnahmen zu schweren, unter Umständen tödlichen Verletzungen führen kann. Bei Zapfwellenbetrieb darf sich niemand im Wellenbereich aufhalten. Stets darauf achten, daß alle Wellen-Schutzvorrichtungen vorschriftsmäßig angebracht sind und daß das Gelenkwellenschutzrohr sich ungehindert drehen kann.

Enganliegende Kleidung tragen. Vor der Einstellung und Reinigung sowie dem An- und Abkoppeln von zapfwellengetriebenen Geräten Motor abstellen und den Stillstand aller beweglichen Maschinenteile abwarten.

Nach dem Abnehmen der Gelenkwelle sofort die Zapfwellen-Schutzkappe wieder anbringen.

SICHERHEITSGURT

Bei Maschinen mit Überschlagschutz Sicherheitsgurt stets anlegen, um die Verletzungsgefahr bei Unfällen (z.B. Umkippen der Maschine) zu verringern.

Bei Maschinen ohne Überschlagschutz Sicherheitsgurt nicht anlegen.

TS205

TS205-ESPDAG-260188

SICHERHEITSKETTE VERWENDEN

Die Sicherheitskette hält ein Anhängegerät, falls es sich während der Fahrt aus irgendwelchen Gründen vom Zugpendel lösen sollte.

Kette unter Verwendung der entsprechenden Befestigungsteile an der Zugpendelhalterung oder einer anderen, dafür vorgesehenen Stelle anbringen. Dabei die Kette so stramm spannen, daß Kurvenfahrten noch ohne Behinderung möglich sind.

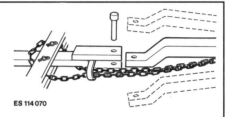

ES 114 070

Der JOHN DEERE-Händler hat Ketten der erforderlichen Stärke vorrätig.

Die Sicherheitskette darf nicht zum Ziehen irgendwelcher Lasten oder zum Abschleppen verwendet werden.

ES114070-ESPDAG-080988

MOTORBETRIEB

Motor nicht in einem geschlossenen Raum laufen lassen. Vergiftungsgefahr!

Hydraulik-Bedienungshebel muß beim Anlassen des Motors in Senkstellung sein.

ES 118 711

ES118711-ESPDAG-220688

SICHERER UMGANG MIT STARTFLÜSSIGKEIT

Die Startflüssigkeit ist sehr leicht entzündbar.

Beim Gebrauch der Startflüssigkeit Funkenbildung oder offene Flammen in der Nähe vermeiden. Startflüssigkeit von Batterien und elektrischen Leitungen fernhalten.

Um bei der Lagerung der Sprühdosen das Entweichen von Startflüssigkeit zu vermeiden, die Dose stets mit der Schutzkappe verschlossen halten und an einer kühlen, geschützten Stelle lagern.

Leere Sprühdosen nicht verbrennen oder beschädigen.

TS 6089A

TS6089A-ESPDAG-230388

Sicherheitsmaßnahmen (Wartung)

SICHERE WARTUNG

Lange Haare am Hinterkopf zusammenbinden. Beim Arbeiten an der Maschine oder beweglichen Teilen keine Krawatten, Schals, lose Kleidungsstücke oder Halsketten tragen. Wenn diese Gegenstände von der Maschine erfaßt werden, können schwere Verletzungen die Folge sein.

Ringe und anderen Schmuck ablegen, um Kurzschlüsse oder Hängenbleiben an beweglichen Teilen zu vermeiden.

TS228

TS228-ESPDAG-000288

MASCHINE UNFALLSICHER UNTERBAUEN

Vor dem Arbeiten an der Maschine immer Anbaugerät auf den Boden absenken. Bei Arbeiten an angehobener Maschine oder angehobenem Anbaugerät, immer für unfallsicheren Unterbau sorgen.
Zum Unterbauen keine Hohlblock-, Backsteine oder andere Materialien, die unter einer dauernden Belastung nachgeben könnten, verwenden. Nie unter einer Maschine arbeiten, die nur von einem Wagenheber gehalten wird. Immer die in dieser Betriebsanleitung empfohlenen Arbeitsweisen beachten.

TS229

TS229-ESPDAG-160288

BATTERIEEXPLOSIONEN VERMEIDEN

Batteriegase sind explosiv. Offenes Feuer und Funkenflug von der Batterie fernhalten. Zum Überprüfen des Säurestandes eine Taschenlampe verwenden.

Ladezustand der Batterie niemals durch Verbinden der beiden Pole mit einem Metallgegenstand prüfen. Säureprüfer oder Voltmeter verwenden.

Immer das Massekabel (–) der Batterie zuerst abklemmen und als letztes wieder anklemmen.

TS204

SICHERER UMGANG MIT BATTERIEN

Die im Elektrolyt der Batterie enthaltene Schwefelsäure ist giftig und von einer Stärke, die hautätzend ist und Löcher in Kleiderstoffe fressen kann. Gelangen Säurespritzer in die Augen, kann der Verletzte erblinden.

Vorsichtsmaßnahmen beim Nachfüllen:
1 Batterien nur in gut belüfteten Räumen nachfüllen.
2. Augenschutz und Gummihandschuhe`tragen.
3. Einatmen der Säuredämpfe vermeiden.
4. Einfüllen ohne Säure zu verschütten.
5. Starten mit Fremdbatterie vorschriftsmäßig ausführen.

Gegenmaßnahmen wenn Säure auf die Haut oder in die Augen gelangt ist:
1. Betroffene Hautstellen gründlich mit Wasser abspülen.
2. Backsoda oder Kalkpulver auf betroffene Stelle streuen.
3. Augen 10 bis 15 Minuten mit Wasser ausspülen und sofort ärztlich versorgen.

Gegenmaßnahmen bei versehentlich verschluckter Säure:
1. Große Mengen Wasser oder Milch trinken.
2. Danach Magnesiamilch, geschlagene Eier oder Pflanzenöl trinken.
3. Sofort ärztlich versorgen.

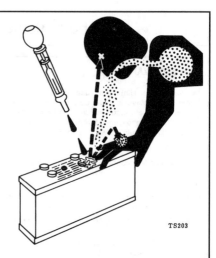
TS203

SICHERE KÜHLERWARTUNG

Vorsicht Verbrühungsgefahr!

Bei abgestelltem Motor den Ausdehnungsgefäß- oder Kühlerverschlußdeckel zunächst nur bis zum Anschlag drehen, um den Druck abzulassen; erst danach den Deckel ganz abnehmen.

Kühlmittel nur bei abgestelltem Motor nachfüllen.

ES 118714
ES118714-ESPDAG-220688

UMWELTSCHUTZVORSCHRIFTEN BEACHTEN

Immer umweltschützende Maßnahmen beachten.

Vor dem Ablassen von Flüssigkeiten den richtigen Weg zur Beseitigung derselben herausfinden.

Vorschriften zum Schutz der Umwelt bei der Beseitigung von Öl, Kraftstoff, Kühlmittel, Bremsflüssigkeit, Filtern und Batterien beachten.

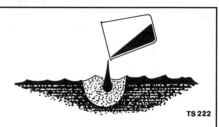
TS 222
TS222-ESPDAG-140388

Zapfwellen

ZAPFWELLEN-SCHUTZ

 ACHTUNG: Nur für den Anbau eines Zapfwellengerätes die Schutzkappe (A) abnehmen.

Wird das Gerät abgebaut, sofort die Schutzkappe wieder anbringen!

Zum Anbau eines Gerätes kann das Schutzschild (B) abgenommen bzw. hochgeklappt werden, muß aber danach wieder angebracht werden.

 ACHTUNG: Niemals Zapfwelle ohne Schutzschild in Betrieb nehmen.

ZAPFWELLEN-AUSWAHLEN

Der Traktor kann hinten mit auswechselbaren Wellen oder mit einer umschaltbaren Zapfwelle für 540/1000 U/min ausgerüstet sein. Zusätzlich kann eine links- oder eine rechtsdrehende Front-Zapfwelle mit 1000 U/min angebaut sein.

WICHTIG: Mit 540 U/min dürfen nur Geräte betrieben werden, deren Leistungsbedarf 56 kW (76 PS) nicht übersteigt.

SCHALTEN DER ZAPFWELLE HINTEN

 ACHTUNG: Zapfwelle immer abschalten, wenn sie nicht benötigt wird.

 ACHTUNG: Nach dem Abschalten der Zapfwelle läuft das angebaute Gerät – bedingt durch seine Schwungmasse – noch kurze Zeit weiter. Während dieser Zeit nicht zu nahe an das Gerät herantreten. Erst wenn es ganz stillsteht, darf daran gearbeitet werden.

Die Zapfwelle kann, ohne zu kuppeln, während der Fahrt und unter Last geschaltet werden.

HINWEIS: Den Schalthebel anheben, bevor er nach vorn gedrückt wird.

A–Zapfwelle ausgeschaltet
B–Zapfwelle eingeschaltet

6.2 Mehrsprachigkeit

Binnenmarktbildung und Globalisierung fordern zunehmend mehrsprachige Anleitungen. Mehr als 1/3 der GA's sind schätzungsweise bereits mehr als 6-sprachig und vorzugsweise im DIN A 5-Format. Hinter beidem stehen direkt rechenbare Kosteneinsparungen. Eine weitere Möglichkeit die Kosten massiv zu senken und dabei die Wirkung der Darbietung erheblich zu steigern, wird hingegen deutlich weniger genutzt, wahrscheinlich weil sie sich nur teilweise rechnet. Gemeint ist eine Bebilderung aller wesentlichen Textinhalte; das kostet Vorinvestitionen, verkürzt aber den zu übersetzenden Text, erreicht die Benutzer besser, verkürzt deren Lernzeit bis zur Hälfte.

Die folgende Bedienungsanleitung ist ein besonders gelungenes Beispiel dafür. Abgebildet ist für dasselbe Produkt jeweils das Deckblatt zweier Anleitungen. Die eine (705066) umfaßt 10 europäische Sprachen, die zweite (705053) 8 „exotische" Sprachen mit den internationalen Leitsprachen Deutsch und Englisch.

Die Zuordnung von Bild und Text ist an zwei ausgewählten Beispielen demonstriert.

Es gibt noch eine dritte Version für den nordamerikanischen Markt in den Sprachen Englisch, Spanisch und Französisch mit Hinweisen und Warnungen, die dem dortigen Rechtsrisiko entsprechen. Eine Gegenüberstellung einiger Punkte der europäischen und der amerikanischen Ausgabe finden Sie im Anschluß (von Walterscheid freigegeben).

705066

WALTERSCHEID

Bedienungsanleitung für Gelenkwellen und Kupplungen — DEUTSCH
Unbedingt beachten!
Muß dem Benutzer übergeben werden!

Service instructions for PTO drive shafts and clutches — ENGLISH
Important!
Must be given to the user!

Notice d'emploi pour les transmissions et limiteurs — FRANÇAIS
A respecter strictement!
Cette notice doit être remise à l'utilisateur!

Gebruiksaanwijzing voor koppelingsassen en slipkoppelingen — NEDERLANDS
In acht nemen!
Aan de gebruiker overhandigen!

Bruksanvisning för kraftöverföringsaxlar och kopplingar — SVENSKA
Måste absolut iakttagas och lämnas till användaren!

Betjeningsvejledning for kraftoverføringsaksler og koblinger — DANSK
Afleveres til brugeren, som skal følge denne vejledning!

Bruksanvisning for kraftoverføringsaksler og kobling — NORSK
Må absolutt følges!
Må utleveres til bruker!

Nivelakseleiden ja kytkinten käyttöohje — SUOMI
Tätä käyttöohjetta on ehdottomasti noudatettava ja se on annettava akselin käyttäjälle!

Norme d'uso per alberi cardanici e limitatore — ITALIANO
Da rispettare assolutamente!
Vanno consegnate all'utilizzatore!

Instrucciones para el uso de transmisiones y embragues — ESPANOL
A observar imprescindiblemente!
A entregar al usuario!

705053

WALTERSCHEID

Bedienungsanleitung für Gelenkwellen und Kupplungen — DEUTSCH
Unbedingt beachten!
Muß dem Benutzer übergeben werden!

Service instructions for PTO drive shafts and clutches — ENGLISH
Important! Must be given to the user!

Инструкция по обслуживанию карданных валов и муфт — ПО-РУССКИ
Соблюдать обязательно!
Должна быть передана заказчику!

Instrukcja obsługi dla wałów przegubowych oraz sprzęgieł — POLSKI
Koniecznie przestrzegać!
Musi być przekazane użytkownikowi!

Uputstvo za kardanske osovine i spojnice — SRPSKOHRVATSKI
Obavezno obratiti pažnju! Treba isporučiti korisniku!

Návod k provoznímu použití kloubových hřídelů a spojek — CESKY
Předpisů je nutno bezpodmínečně dbát!
Návod musí být uživateli předán.

Kezelési utasítás kardántengelyekhez és tengelykapcsolókhoz — MAGYAR
Feltétlenül betartani!
A használónak átac andó!

ドライブシャフトとクラッチの取扱説明書 — 日本語
必ず厳守してください!
ユーザーに配布してください!

传动轴使用及离合器之使用说明书 — 中文
请务必遵照
本说明书必次转给终极用户

(Arabic text)

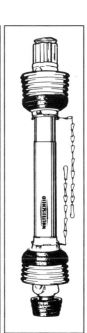

D) Schmierplan

▸ Vor Inbetriebnahme und alle 8 Betriebsstunden mit Markenfett abschmieren. Vor jeder längeren Stillstandszeit Gelenkwelle säubern und abschmieren.

★ Im Winterbetrieb sind die Schutzrohre zu fetten, um ein Festfrieren zu verhindern.

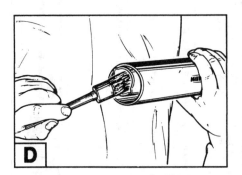
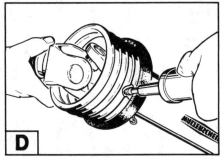
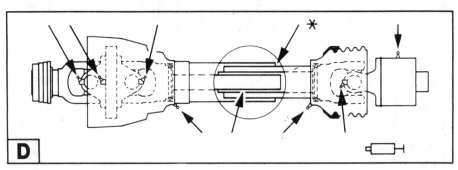

F) Länge anpassen (Hierbei max. Betriebslänge L$_B$ beachten)

1. Zur Längenanpassung Gelenkwellenhälften in kürzester Betriebsstellung nebeneinander halten und anzeichnen.
2. Innen- und Außenschutzrohr gleichmäßig kürzen.
3. Inneres und äußeres Schiebeprofil um gleiche Länge wie Schutzrohr kürzen.
4. **Trennkanten abrunden und Späne sorgfältig entfernen. Schiebeprofile einfetten.**

Weitere Änderungen an Gelenkwelle und Schutz nicht zulässig.

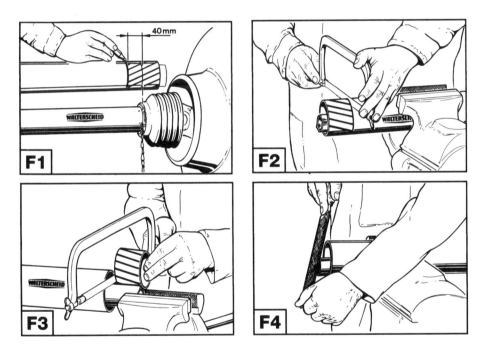

Europäische Version

Service instructions for PTO drive shafts and clutches
Important!
Must be given to the user!

ENGLISH

ENGLISH
PTO drive shafts must only be used for their intended purpose.

PTO drive shafts, clutches and freewheels are designed for specific machine types and power requirements. They must not be replaced by other models.

Note the tractor and implement manufacturers' Operating Instructions.

Ensure that the PTO shaft is securely connected.

Amerikanische Version

Installation, Service and Safety Instructions for PTO Drive Shafts and Clutches
Important!
Must be given to the user! ENGLISH

Warning:
Please read the following instructions before operating this equipment.

ENGLISH

This Manual is intended to point out some of the basic safety situations which may be encountered during the normal operation and maintenance of your machine and to suggest possible ways of dealing with these conditions.

Read the manufacturer's operator manuals before operating the equipment. If there are no manuals with the machine – request them from the manufacturer. Study them before you start work.

If there is something in the manuals you don't understand, ask your supervisor or equipment dealer to explain it to you.

 This Safety Alert Symbol means Attention! Become alert! Your safety is involved!

Operating the PTO

When finishing operation of PTO driven equipment, shift PTO control to neutral, shut off the engine and wait until the PTO stops before getting off the tractor and disconnecting the equipment.

Do not wear loose clothing when operating the power take-off, or when near rotating equipment.

When operating stationary PTO driven equipment, always apply the tractor parking brake lock and block the rear wheels front and back.

To avoid injury, do not clean, adjust, unclog or service PTO driven equipment when the tractor engine is running.

Never exceed the recommended operating speed for the particular equipment in use.

PTO drive shafts must only be used for their intended purpose

PTO drive shafts, clutches and freewheels are designed for specific machine types and power requirements. They must not be replaced by other models.

Note the tractor and implement manufacturers' Operating Instructions. Ensure that the PTO shaft is securely connected.

F) Length adjustment (note max. operating length L$_B$)

1. To adjust the length, hold the half-shafts next to each other in the shortest working position and mark them.
2. Shorten inner and outer guard tubes equally.
3. Shorten inner and outer sliding profiles by the same length as the guard tubes.
4. **Round off all sharp edges and remove burrs.
   Grease sliding profiles.**

No other changes may be made to the PTO drive shaft and guard.

H) Overload and overrunning clutches

Avoid extended and frequent overloads.

1. **Radial pin clutches**
   When overload occurs, the torque is limited and, during the period of slipping, is transmitted in a pulsating manner. Noise acts as a warning.
2. **Cut-out clutches**
   When the torque is exceeded, power flow is interrupted. The torque is re-established by disengaging the PTO shaft.
3. **Cam-type cut-out clutches**
   When the torque is exceeded, power flow is interrupted. The torque is re-established by disengaging the PTO shaft.
4. **Shear bolt clutches**
   When the torque is exceeded, power flow is interrupted due to the bolt shearing. The torque is re-established by replacing the broken shear bolt.
5. **Friction clutches**
   When overload occurs, the torque is limited and transmitted constantly during the period of slipping. Short-duration torque peaks are limited.
   Friction clutches must be vented after prolonged periods of non-use.
6. **Overrunning clutches**
   protect the drive against heavy rotating masses.
7. **Friction-type overrunning clutches**
   are a combination of friction clutches and overrunning clutches.
8. **Elastic clutches**
   absorb shocks and vibrations.

F) Length adjustment (note max. operating length **L**B). (Figs. **F**1 – **F**4)

1. To adjust length, hold the half-shafts next to each other in the shortest working position and mark them.
2. Shorten inner and outer guard tubes equally.
3. Shorten inner and outer sliding profiles by the same length as the guard tubes.
4. **Round off all sharp edges and remove burrs. Grease sliding profiles.**

 Check the length of the telescoping members to insure the driveline will not bottom out or separate when turning and/or going over rough terrain.

H) Overload and overrunning clutches (Figs. **H**1 – **H**8)

1. **Radial pin™ clutch**
   When overload occurs, the torque is limited and, during the period of slipping, is transmitted in a pulsating manner. Noise acts as a warning.

2. **Cut-out clutches** – 3. **Cam-type cut-out clutches**
   When the torque is exceeded, power flow is interrupted. The torque is re-established by reducing the speed of and disengaging the PTO.

4. **Shear bolt clutches**
   When the torque is exceeded, power flow is interrupted due to the bolt shearing. The torque is re-established by replacing the broken shear bolt. Use only the bolt specified in the operator's manual for replacement!

5. **Friction clutches**
   When overload occurs, the torque is limited and transmitted constantly during the period of slipping. Short-duration torque peaks are limited.

    Prior to first utilization and after long periods out of use, check working of disk clutch.

   a) Tighten nuts until friction disks are released. Rotate clutch fully.
   b) Turn nuts fully back.
      Now the clutch is ready for use.
      Fig. **H**5 shown, also applies to other models of friction clutch (see fig. **H**7)

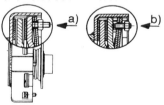

Avoid extended and frequent slippage of overload clutches.

(Punkt P existiert nicht)

P) Spare parts for PTO drive shaft guard

 Guards are designed to protect the user.
Defective and damaged guards must be repaired immediately.
Only original Walterscheid agraset spare parts should be used.

Contact your dealer.

6.3 Fleckenentferner

Vor uns liegt die Anleitung eines „Fleckenentferners für Teppiche und Polster". Sie beschreibt die Nutzung eingehend. Eine einzige Warnung versteckt sich unauffällig dazwischen (Gründlich lüften und nicht rauchen). Selbst wenn diese Druckschrift nicht als GA, sondern nur als Produktinformation eingesetzt würde, müßten die Risiken, die den Kaufentschluß beeinflussen können, aufgeführt sein. Doch sofern Grenzen der Eignung überhaupt aufgenommen sind, zählen sie zum Kleingedruckten, während der bestimmungsgemäße Gebrauch auch noch für Fehlsichtige ohne Brille lesbar ist. Ob beabsichtigt oder nicht, dies läuft auf Nutzung zweier bekannter Verhaltensklischees von Benutzern hinaus (5/108): 1. Bei kleinen Produktwerten wird kaum reklamiert. 2. Zeit und Aufwand müssen sich bezüglich der zu erwartenden Kompensation lohnen. 3. Schuldgefühle wirken hemmend und kommen im Bereich der Haushalts-Chemie leicht zustande.

Vom Grundsatz her **kann es keine ungefährlichen Reiniger** geben. Je intensiver und schneller in der Wirkung, desto gefährlichere Arbeitsstoffe sind zu vermuten und um so sorgfältiger müssen die Anwender ihre Gesundheit schützen.

Die Gesetzliche Grundlage bildet das Chemikaliengesetz, die Gefahrstoffverordnung sowie die Verordnung für brennbare Flüssigkeiten (VbF).

Weitere Hinweise geben:

- Sicherheitsdatenblatt nach DIN 52900 für das betreffende Reinigungsmittel.
- Die einschlägigen Merkblätter und Sicherheitsregeln der Berufsgenossenschaft (ZH), insbesondere:

    + Kaltreiniger-Merkblatt ZH 1/425

    + Lösemittel ZH 1/319

    + Anlagen zum Reinigen von Werkstücken mit Lösemitteln (ZH 1/562)

    + Umgang mit gefährlichen Stoffen (ZH 24.2)

- Technische Regeln für brennbare Flüssigkeiten (TRbF), erhältlich beim TÜV und laufend dem Stand der Technik angepaßt.

Ein einschlägiges Urteil des OLG Hamm (11 R/83) formuliert die Auflagen an die Darbietung von Reinigern wie folgt:

„Hersteller von Reinigungsmitteln, die Flußsäure enthalten, sind verpflichtet, auf der Verpackung **nicht nur das Gefahrensymbol** für ätzende Wirkung anzubringen, **sondern auch den Flußsäuregehalt** des Mittels anzugeben **und** vor den dem Produkt ausgehenden **spezifischen Gefahren** (der Vergiftung und der besonders aggressiven Wirkung) zu warnen. Der **Hersteller** ist mithin **genötigt, den Abnehmer zu belehren**, wenn damit gerechnet werden muß, daß sich konkrete, **vom Benutzer nicht ohne weiteres erkennbare Gefahren verwirklichen können**. Die Aufklärung und Warnung **soll** dem Abnehmer und **Verwender des Produkts Klarheit** über die ihm unter Umständen drohende Gefahr verschaffen **und** ihn in die Lage versetzen, den auch bei sachgerechter Anwendung des Produkts entstehenden **Gefahren rechtzeitig beggnen oder** von der Verwendung des Mittels überhaupt **Abstand nehmen zu können**.

Im vorliegenden Fall bestand eine solche Warn- und Hinweispflicht ganz besonders aus dem Grund, weil die Kl. zur Aufklärung über die von den Flußsäureanteilen ausgehenden Gefahren sogar gesetzlich verpflichtet war, aber auch wegen der von dem Erzeugnis für Sachen selbst bei stimmungsgemäßen Gebrauch ausgehenden Gefahr, die sich im vorliegenden Fall verwirklicht hat."

6.4 Turbinenantrieb für Zahnbohrer

Eine 4sprachige DIN A-5-Bedienungs- und Wartungsanleitung von Siemens (für die Veröffentlichung freigegeben). Bemerkenswert sind die Explosionszeichnungen, in denen auch Bewegungsrichtungen und Verbote symbolisiert werden.

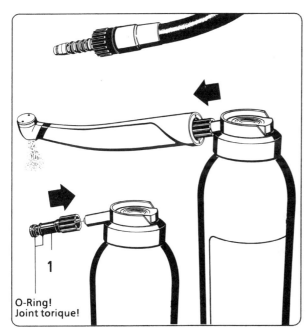

Pflege mit Spray

<u>Tägliche Pflege</u>
<u>jeden Mittag und Abend</u> !
Verwenden Sie nur
T1-Spray
Bestell-Nr. 59 01 665

Handstück von der Schnellkupplung abziehen, Bohrinstrument entfernen. Das Zwischenstück (1) wie gezeigt auf die Düse der Spraydose stecken. Handstück aufstecken und festhalten.
1 - 2 Sekunden lang Spray geben –
<u>täglich jeden Mittag und Abend</u>.

Ist die an den Lagern austretende Flüssigkeit noch verschmutzt, so ist der Spray-Vorgang zu wiederholen.

Zwischendurch Turbine kurz laufen lassen.
Austretendes Öl <u>bei nicht laufender Turbine</u> mit einem trockenen Lappen abwischen.

Zwischenstück (1)
Bestell-Nr. 59 41 802

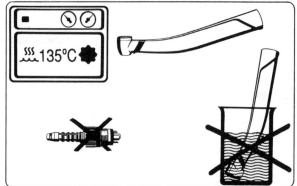

Sterilisieren

Das Handstück ist sterilisierbar.
Sterilisation nur im Autoklaven bei 135° C, 2,1 bar.
Vor der Sterilisation
das Handstück zum Schutz mit Spray durchsprühen.
Nach der Sterilisation
Handstücke sofort aus dem Autoklav entnehmen.
Nach dem Sterilisieren ist kein Sprühen erforderlich.
Die Schnellkupplung ist nicht sterilisierbar.

Desinfizieren

Nur äußerlich zulässig. Nie in Desinfektionslösungen tauchen!

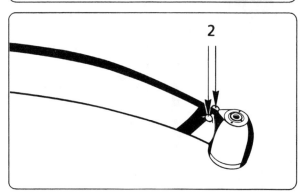

Die Lichtleiter-Flächen

Reinigen
Um die Flächen (2) nicht zu verkratzen, Schmutzpartikel etc. mit Sprayvit-Luft wegblasen.

Vor dem Sterilisieren
die Flächen mit einem weichen, fusselfreien Lappen und Alkohol vorsichtig abwischen.

6.5 Kleinschütze

Auf Vorder- und Rückseite eines DIN A-4-Blattes bringt ABB die Betriebsanleitung in 6 Sprachen unter (abgebildet ist ein Teil der Vorderseite) und faltet das Glanzpapierblatt dann auf 1/8 seiner Ausgangsgröße den Dimensionen des Produktes entsprechend. Die Warnungen sind rot hervorgehoben (Freigabe durch ABB erfolgt).

Dieses Bauelement wird nicht an Laien verkauft. Wäre es so, dann käme aus logistischen Gründen eine einzige Anleitung in Frage, die für das eine Ausbildungs-Niveau hinweist und für das andere unterweist; logistische Gründe zwingen zu solch einer gemeinsamen Darbietung.

Montage
Kleinschütze mit kombinierter Schraub- und Schnellbefestigung auf ebener, erschütterungsarmer Anbauwand, oder auf Tragschiene 35 EN 50022 befestigen.

Einbaulage Beliebig

Elektrischer Anschluß
Geräte dürfen nur vom Fachpersonal angeschlossen werden. Vor Inbetriebnahme der Kleinschütze prüfen, ob Steuerspannung am Verwendungsort mit den aufgedruckten Spulendaten übereinstimmt.

Warnung
Der Anschluß einer anderen Spannung kann zur Zerstörung der Magnetspule führen.
Spannung führende Teile nicht berühren.

Anschlußquerschnitte

Schraubanschluß			M3 pozidriv 1	
eindrähtig	min/max	mm^2	2 x 1 / 4	
feindrähtig	min/max	mm^2	2 x 1 / 2,5	
Steckanschluß		mm	1 x 6,3 / 2,8	DIN 46248
Lötstifte		mm	0,8 x 1 / 2,54	DIN 40801

Nachrüstbares Zubehör
Hilfsschalterblöcke CA6-11.., Varistor-Löschglied, Gerätebezeichnung BA50, Lötstecksockel LB6 und LB6-CA, Stößel BN6, für Handbetätigung, Zwischensockel PZ6 für Anbau T16 an B6.

Montage
Fixer les petits contacteurs avec socle à vis et à fixation rapide soit sur un panneau de montage plat et exempt de vibration soit sur profilé chapeau 35 mm (EN 50022).

Position de montage Toutes positions

Raccordement électrique
Les appareils ne peuvent être raccordés que par du personnel qualifié. Avant la mise en marche du petit contacteur vérifier sur place si la tension de commande correspond aux données indiquées sur la bobine.

Attention
Le raccordement d'une tension différente peut mener à la destruction de la bobine magnétique.
Ne pas toucher les pièces sous tension.

Sections de raccordement

Raccordement à vis			M3 pozidriv 1	
rigide	min/max	mm^2	2 x 1 / 4	
souple	min/max	mm^2	2 x 1 / 2,5	
Raccordement à cosses embrochables		mm	1 x 6,3 / 2,8	DIN 46248
Raccordement avec picots à souder		mm	0,8 x 1 / 2,54	DIN 40801

Accessoires montables par adjonction
Bloc de contacts auxiliaires CA6-11.., bloc limiteur de surtension, repères de fonction BA50, socle avec picots pour soudage sur circuit imprimé LB6 et LB6-CA, levier BN6, pour commande manuelle, socle d'adaptation PZ6 pour montage du T16 sur le B6.

6.6 Elektro-Handbohrer

Eine ganzheitliche Übersicht des Produktes auf einen Blick holt den Käufer auf der oberen Hälfte der Umschlaginnenseite dieser Bedienungsanleitung ab. Auf den zweiten Blick finden sich dort auch Nummern für die wesentlichen Bedienungselemente und die dazugehörige Funktionsbezeichnung bringt die gegenüberliegende Seite. Weiter zeigen Einzelprinzipbilder die Bedienung der Elemente zur Erzielung der naheliegendsten und wichtigsten Gebrauchsbestimmungen. Vermißt wird eine Bilddarstellung, die dem flüchtigen Betrachter zum genaueren Hinschauen auf die wesentlichen Erfolgspunkte veranlaßt und im Gefährdungsbereich assoziativ Aufmerksamkeit auszulösen vermag. Die rechte Seite gegenüber nennt die technischen Daten und damit den Eignungsbereich sowie seine Grenzen. Diese Zusammenstellung ist **mustergültig**.

Die nächste Seite bringt mit einem Aufmerksamkeits-Piktogramm „STOP" Sicherheitshinweise. Die Plazierung ist noch gut, doch:
- Es gibt nicht einen personenbezogenen Gefahren-Hinweis und keine Warnung.
- Allgemeine Hinweise sind mit Hinweisen für bestimmte Gebrauchssituationen vermischt. Was „zweckentfremdet" ist, bleibt ins Belieben des Lesers gestellt.
- Niemand ist bei dieser Darstellung in der Lage, den einzelnen Hinweis so zu speichern, daß er ihn in der Situation parat hat. Sollte er sich erinnern und nachlesen wollen, ist der Zugriff ausgesprochen lästig.
- Verfügbare Piktogramme sind nicht verwendet (z. B. Netzstecker bei Kabelbeschädigung oder Blockierung des Bohrers ziehen).
- Was die fett hervorgehobenen Sätze von den restlichen unterscheidet ist unerfindlich; ein höheres Gefahrenniveau ist es jedenfalls nicht.
- Wenn die Maschine für Zusatzgeräte nicht geeignet ist, dann sollte man Hinweise für die Maschinenhandhabung im Zusammenhang mit Zusatzgeräten unterlassen.

Bitte beachten Sie:
- Alle beweglichen Werkstücke vor Arbeitsbeginn ausreichend sichern.
- Unbedingt die Hinweise über das richtige Einspannen von Bohrern bzw. Einsatzwerkzeugen beachten.
- Das Netzkabel sollte vor Beschädigungen geschützt werden – vermeiden Sie das Tragen der Maschine am Netzkabel. Außerdem sollte der Stecker nicht durch Ziehen am Netzkabel aus der Steckdose gezogen werden. Öl und Säure können das Kabel ebenfalls beschädigen.
- Der Bohrfutterschlüssel sollte nur in der vorgesehenen Halterung aufbewahrt werden und niemals mit Ketten, Schnüren oder ähnlichem an der Schlagbohrmaschine oder am Kabel befestigt werden.
- Wenden Sie sich an unseren Kundendienst, bevor Sie Störungen selbst beheben wollen.
- Achten Sie beim freihändigen Bohren immer darauf, daß Sie einen **festen und sicheren Stand** haben – besonders auf Leitern und Gerüsten.
- Maschine nicht unsachgemäß oder zweckentfremdet verwenden.
Bei der Verwendung von Zubehör bzw. Vorsatzgeräten sind folgende Hinweise zu beachten:
- **Ziehen Sie bitte vor allen Arbeiten an der Maschine (z. B. Auf- und Abbau und Einstellen eines Zusatzgerätes bzw. Zubehörteils) den Stecker aus der Steckdose.**
- Achten Sie vor dem Einstecken des Netzsteckers darauf, daß der Betriebsschalter nicht arretiert ist.
Die Schlagbohrmaschine sollte immer ausgeschaltet sein, bevor sie auf dem Tisch oder der Werkbank abgelegt wird.
- Beim Bohren in der Nähe von elektrischen Leitungen grundsätzlich mit Zusatzhandgriff arbeiten.
- Beim Bohren in Wände oder dergleichen, kurz überall da, wo Strom-, Wasser- und Gasleitungen unsichtbar verlegt sein können, prüfen Sie vorher unbedingt mit einem **Leitungssucher** (Kat.-Nr. A 9400), ob solche Leitungen vorhanden sind.
- **Die Maschine ist nicht zum Antrieb von Zusatzgeräten geeignet.**

Der verbleibende Platz auf dieser „Sicherheitsseite" ist mit Verkaufsargumenten aufgefüllt und das verstimmt einen Produktsicherer endgültig.

Anscheinend brachte die Produktbeobachtung eine nachträgliche Warnung zustande. Sie ist auf einem roten (!), aber losen Zettel beigelegt und lautet:

> **WICHTIG!**
>
> **Um Ihnen einen exakten Sanftanlauf und erhöhten Bedienungskomfort zur gewährleisten, hat die** (Typenbezeichnung) **eine kurze Verzögerungszeit zwischen dem Durchdrücken des Schalters und dem Anlaufen der Maschine.**

6.7 Importierte Tischbohrmaschine

Ein Billigprodukt aus Taiwan mit einer Betriebsanleitung des Importeurs. Die Bewertung nach dem auf S. 69 vorgestellten Audit ergab die Gesamtnote 5,1.

Ein gleichzeitig durchgeführter Vergleich mit einschlägigen Empfehlungen und Vorschriften ergab u. a.:

DIN
- Zuordnung, Text/Bild schwierig.
- Explosionszeichen überladen.
- Text weder in Handlungs- noch in Denkfolge.
- Sämtliche Restrisiken der Maschine, unsachgemäßen Verhaltens und falschen Zubehörs sind in einem Sicherheitsblatt systemlos aufgelistet.
- Primitive Durchführung (Papier, Schrift, Layout).
- Letzte Seite Werbung für gesamtes Lieferprogramm.

GSG:
- Zwar ist der Prospekt mit dem GS-Zeichen versehen und einem Hinweis auf die Prüfstelle, aber es bestehen Zweifel, ob dies für die beschriebene Ausführung (Kippschalter, Befestigung) gilt und deshalb empfohlen, das Prüfprotokoll einzusehen.

Maschinen-Richtlinie (Entwurf)
- Keine Lärmangabe.
- Kein Hinweis auf Fachkunde für Bedienung, keine Abgrenzung des bestimmungsgemäßen Einsatzes, keine Warnung vor sachwidriger Verwendung.
- Anleitung nicht in Gebrauchsphasen unterteilt.
- Gefahrenstellen ohne Hervorhebung oder Piktogramm.
- Konkrete Gefährdung bei geöffneter Schutzabdeckung nicht erwähnt.
- Reinigung fehlt, auch Gefährdungshinweis durch Preßluft.

6.8 Schlösser

Es gibt Anleitungen, in denen der Konstrukteur die inneren Funktionen statt den Gebrauch des schwarzen Kastens erklärt und Anleitungen, in denen man vergeblich nach einem Schutz vor Restrisiken und sachwidrigem Gebrauch sucht, weil die Verfasser solche Hinweise für verkaufsschädlich gehalten haben. Die vorliegende Anleitung für Schlösser trägt die Handschrift juristischen Halbwissens und läuft auf den vielleicht sogar gelegentlich erfolgreichen Versuch hinaus zu verhindern, daß berechtigte Ansprüche auf Gewährleistung auch angemeldet werden.

Diese Hersteller-Anleitung ist gegliedert nach:

1 – Bestimmungsgemäße Verwendung
2 – Fehlgebrauch
3 – Produktleistung
4 – Wartung
5 – Pflichten von Handel, Verarbeitern und Benutzern.

Die Präambel lautet wörtlich: „Gemäß dem Produkthaftungsgesetz entbindet uns die Nichtbeachtung der folgenden Anleitung von unseren Haftungspflichten." Schaut man in dieses Gesetz, dann heißt es in § 14: „Die Ersatzpflicht nach diesem Gesetz darf im voraus weder ausgeschlossen noch beschränkt werden." Schaut man in die Anleitung, findet man viel über Gewährleistungsmängel und nichts über haftungsbegründende Mangelfolgeschäden; es müßte sich um Schadenersatz aus Personenschäden oder der Beschädigung gewerblich genutzter Sachen handeln. Alle Beispiele betreffen aber Gefahren für das Schloß selbst, also dessen Gewährleistung.

Der Fall, daß jemand sein untauglich gewordenes Schloß selbst auswechseln bzw. die mehrfachen Schloßkosten für einen Schlosser sparen möchte, ist in der Anleitung nicht vorgesehen; sonst müßte dort zumindest stehen, daß nach Entfernung aller Schrauben der Schlüssel um 1/8 gedreht werden muß, um den Zylinder und damit das Schloß entfernen zu können.

Der Fehlgebrauch wird in 10 Punkten erfaßt, 3 betreffen die Montage und die restlichen die Benutzung. Es geht entweder um Beeinträchtigung der „Gebrauchstauglichkeit Verschließen/Versperren" oder um Beschädigung des Schlosses z. B. durch zerstörende Kräfte. Allerdings sind alle Fehlbenutzungen „sozialüblich", z. B. gelegentliches Offenhalten der Türe durch den ausgeschlossenen Schließriegel oder über die normale Handkraft hinausgehende Lasten auf der Drückerverbindung. Dazu gibt es im Prinzip drei Standpunkte:

– Eine technische Auslegung, die dies verhindert oder aushält.
– Die seltenen und hier kleinen Restrisiken bewußt eingehen und übernehmen.
– Vor ernsteren Schäden warnen (das hieße hier auf der Türe).

Dieser Hersteller beherrscht anscheinend die üblichen Fehlbenutzungen technisch nicht ausreichend, um sie übernehmen zu können, möchte aber auch nicht in der Weise warnen, die alleine solch eine Fehlbenutzung verhindern könnte. Er will verhindern, daß Ansprüche gestellt werden. Für den Benutzer ist es in der Regel unmöglich, sich im Gewährleistungsfall gegen die Behauptung solcher Fehlgebräuche zu behaupten und für einen Rechtsstreit ist der anstehende Betrag zu klein.

Im Grunde ist dies nur eine Variante des Versuchs mit dem Kleingedruckten zumindest psychologische Barrieren aufzubauen. Da heißt es z. B. auf der Reparaturquittung: „Weitergehende Ansprüche als Reparatur oder Austausch des Produktes sind ausgeschlossen" oder „Jegliche weitergehende Haftung wird abgelehnt." Derartige einseitige Erklärungen sind in der Regel überhaupt nicht Vertragsinhalt geworden und entfalten schon deshalb keine Wirkung. Sollte dies ausnahmsweise nicht zutreffen, verstoßen sie gegen das AGBG. Nur zu oft lassen sich Konsumenten und selbst Handwerker durch solche Floskeln einschüchtern und verzichten fälschlicherweise auf die Geltendmachung ihrer Schäden, eine kurzsichtige Strategie, die sich womöglich noch für clever hält.

Wie wird der kritische oder ängstliche Käufer auf derartige Vorbehalte reagieren? Er wird mißtrauisch, was die Leistung des Produktes sowie des Herstellers anlangt; das macht ihn aufnahmebereiter für andere Angebote mit weniger Einschränkungen von Herstellern, die weniger an Gewährleistung und mehr an die Qaulität der Problemlösung für den Interessenten denken, vielleicht in den Restrisiken eine Chance zum Dienst am Kunden sehen.

6.9 Schneidende Verarbeitungsmaschine

Die Blindheit des Laien für Fachfragen hat ihre Entsprechung in der Blindheit des Spezialisten für Probleme aus anderen Fachdisziplinen. Aus der Kompetenz im eigenen Fachgebiet erwächst zurecht Sicherheit; wird diese jedoch über ihre Gültigkeitsgrenzen getragen, muß es zu Fehlern kommen. Das Dumme daran ist, daß weder die Überschreitung noch die Fehler bemerkt werden können, weil sie sich ja außerhalb des Gesichtskreises abspielen; was fehlt, ist ein umfassender Horizont und der Durchblick durch die fachübergeordneten Zusammenhänge. Doch gerade dies zeichnet den Fachmann gegenüber dem Laien und den Vorgesetzten gegenüber seinen Spezialisten aus; deshalb gehört es zu deren Kardinalpflichten, den Laien bzw. Mitarbeiter vor derartigen Risiken und Fehlern zu bewahren (und damit auch sich selbst).

Bei der Erstellung von Betriebsanleitungen kommt es immer wieder dazu, daß ein engagierter Mitarbeiter hier sein kleines Herzogtum findet, weil er außer seinem Fachwissen noch eine Neigung zum Schreiben und Formulieren einzubringen hat. Der Vorgesetzte freut sich, doch er müßte auch die Gefahr der Vertunnelung einer interdisziplinären Aufgabe sehen und ihr entgegenwirken. Wenn er dies aber nicht wahrnimmt oder nicht kann?

Im vorliegenden Fall ging es um eine Betriebsanleitung für USA und zwar für eine Schneidtechnik, die schon mehrfach gerade in USA zu Produkthaftungsfällen Anlaß gegeben hat, aber auf einem für USA neuen Anwendungssektor. Der Produktsicherheits-Koordinator wandte sich an einen externen Spezialisten, der der Firma, genauer gesagt dem Firmengründer, bereits 10 Jahre lang in derartigen Problemen zur Seite gestanden hatte. Dem Kontaktgespräch blieben der eingeladene Verfasser der vorhandenen Anleitung und der Nachfolger des gerade verstorbenen Firmengründers fern (Communication by Nocommunication). Eine Möglichkeit, Einflußmacht anzumelden, angeblich Zeit zu sparen, tatsächlich Verletzung fundamentaler Kommunikationsabläufe, mithin Auslöser emotionell trennender Eskalation. Und so blieb es beim do-it-yourself. Das Ergebnis wies folgende Schwachstellen auf:

- Das Fehlen mittelbarer technischer Sicherheitszusätze, die in Europa nicht erforderlich, aber für USA ratsam sind,
- keine Berücksichtigung einschlägiger US-Gerichtsurteile im Zubehör, dem Anbringen von Warnungen und deren Gestaltung,
- Verwendung von in USA unbekannten Piktogrammen,
- britisches, kein amerikanisches Englisch.

6.10 Intelligente Verpackungsmaschinen

Hauptthema dieses Buches ist der Schutz vor unvermeidbaren Restrisiken, d.h. die Sicherheit des Anwenders. Doch Anleitungen haben noch zwei weitere Zwecke zu erfüllen: Zu informieren und „anzuleiten". Der letzte Zweck verlangt also Kommunikation und dient dazu, den Lernprozeß des Produktumgangs bzw. den Kaufentschluß rasch und hindernisfrei zu einem Erfolgerlebnis zu machen, sowie ein „Vorurteil" zugunsten des Herstellers einzuleiten, das freilich erst durch weitere Erfolgserlebnisse gefestigt oder auch ins Gegenteil verkehrt wird; ein hoher nicht-rationaler Anteil im Kommunikations-Ziel ist offenkundig.

Anders bei Betriebsanleitungen für gewerbliche Produkte. Zwar wird die Bedeutung des nicht-rationalen Anteils dieser Kommunikation oft genug nicht ernstgenommen und unterschätzt, doch der quantifizierbare Nutzen spielt für Wettbewerbsvorsprung und dauerhafte Beziehungen fraglos eine ungleich größere Rolle als im Konsumbereich.

Bei modernen Maschinen wird der kommunikative Charakter ganz deutlich; die papierene Betriebsanleitung ist in die Maschine verlegt, sie wird zur „sprechenden Maschine", d.h. ihre Steuerung kommuniziert mit dem Bediener über Zahlen oder regelrechte Bildschirmtexte, nennt die Störung, gibt Gesamtabläufe (nicht nur Teile des Programms) wieder und gestattet, die nötigen Eingriffe durch Berühren von Bedienungsfeldern durchzuführen. Akustische Unterstützung ist wie eh und je bei akuter Gefährdung vorhanden, doch „sprechende Hinweise" im engsten Sinne des Wortes gibt es bislang erst ausnahmsweise.

Die konstruktiven Maßnahmen für „Sicherheit und Gesundheitsschutz bei Benutzung von Arbeitsmitteln durch Arbeitnehmer" sind in den Mindestvorschriften der Richtlinie 89/391 und 655/EWG aufgeführt (12/I/107) und durch sektorale Richtlinien spezifisch vertieft (3/407). Hinzu treten produktbezogene Umweltschutz-Auflagen (4a/22, 12/I/113). Doch im folgenden Beispiel geht es eben nicht um die Restrisiken bei Einhaltung dieser Mindestvorschriften, sondern um die Vermeidung nicht-rechts-relevanten Nutzen-Entgangs bzw. von Vermögenseinbußen. Der Käufer sollte sich dazu folgende Fragen stellen:

Diagnostiziert sich die Maschine selbst?

Reparaturen fallen gerne im kostenungünstigsten Zeitpunkt an. Zumindest wo die Notwendigkeit allmählich durch Alterung und Verschleiß entsteht, können Maschinensysteme den Bediener vorbeugend darauf hinweisen, um den Eingriff in eine günstige Zeit legen zu können. Eingebaute Heizkörper beispielsweise kündigen ihr bevorstehendes Ableben durch höhere Stromaufnahme und/oder längere Aufheizzeiten an, die meßbar und entsprechend interpretierbar sind.

Kommuniziert die Maschine, „führt" sie den Bediener?

Bis der Bediener erkennt, daß die Maschine z.B. nicht anläuft, weil er eine Abdeckung schlecht geschlossen oder einen Not-Aus-Schalter noch gedrückt hat, kann viel Zeit vergehen. Dies sind maschinenfremde Störzeiten, die der Hersteller zwar nicht zu vertreten hat, für die er aber dennoch verantwortlich ist, weil die Maschine in Klarschrift erklären kann, warum sie nicht anläuft. Als maschineneigene Störzeit muß der Fall gesehen werden, bei dem bei der Anwahl eines Programms die Verpackungsmaschine z.B. nicht die neue Temperatur selbst mit einstellt. Folge können viele hundert fehlerhafte Packungen sein, d.h. mangelhafte Qualität beim Kunden und Produktionsausfall, soweit diese rechtzeitig bemerkt wird. Erfolgreiche Kommunikation schließt einen gewissen Handlungserfolg ein, hier ist es die Schlüsselkonsequenz des Systems auf einen Befehl und die Rückmeldung dazu.

Denkt die Maschine mit?

Viele Verpackungsmaschinen „synchronisieren sich selbst", d.h. sie stellen sich auf Abweichungen ein und produzieren auch dann noch weiter, wenn die Folie verläuft oder der Druck fehlerhaft ist. Bei der Automatisierung ganzer Linien ist es unabdingbar, daß sich Verpackungsmaschinen bei solchen Fehlern selbst stoppen. Was nützt ein Ausstoß von 80 Stück pro Minute, wenn davon die Hälfte unbrauchbar ist. Mögliche Einsparungen im Anschaffungspreis können durch Nutzeneinbußen teuer zu stehen kommen.

Erklärt sich die Maschine „verständlich"?

Die Angabe von Ziffern oder Symbolen, zu deren Verständnis der Bediener im Handbuch nachschlagen muß, kostet Produktionszeit. Wo man sich dies nicht leisten kann, läßt sich das Handbuch so in die Maschine integrieren, daß es dem Bediener durch diese zur Verfügung steht. Dies hat eine nicht zu unterschätzende psychologische Wirkung auf seine Einstellung zur Maschine sowie sein Wohlbefinden und läuft unter anderem darauf hinaus, daß er schon kleine Störungen behebt, weil es so „spielerisch" einfach ist.

Entzieht sich die Maschine unbefugter Kommunikation?

Nur qualifiziertem Personal sollte die Maschine Zugriff zum Programm und den wichtigsten Daten gestatten; darüber hinaus anzeigen, wenn unqualifiziert mit ihr umgegangen worden ist.

Weitere Hinweise zur Vermeidung nicht-rechtsrelevanter Vermögenseinbußen!

Mancher Hersteller von Verpackungsmaschinen versucht Leistungsgarantien mit dem Hinweis auf unwägbare Einflüsse zu umgehen. Eine merkwürdige Strategie, wenn gleichzeitig mit hohen Ausstößen geworben wird. In solchen Angeboten ist dann z.B. zu lesen: Wirkungsgrad gemäß DIN 8743 bereits für die Einfahrphase 85%. Was diese 85% nicht enthalten: Folienwechselzeiten, Fehlproduktion aufgrund schlechter Folien, Umrüstzeiten, Fehlzeiten durch Fehlbedienung. Das kann zu einer Effektivausbringung von 60% und weniger führen, eine Minderung auf die der Hersteller durchaus Einfluß hätte, für die er aber nicht belangbar ist. Die häufige Anwendung dieses Versteckspiels hat als Gegenzug die Einbehaltung von 10–20% des Maschinenpreises bis zur Erbringung der tatsächlichen Leistung hervorgebracht. Besser wäre es, die Information zu prüfen, z.B. darauf,

- ob sich der Lieferant zur Behebung von Leistungsstörungen innerhalb akzeptabler Fristen verpflichtet
- ob die Ersatzteillisten so aufgebaut sind, daß eine einfache Bestellung möglich ist
- ob auch die Bestellnummer des Zulieferanten angegeben ist, von dem der Maschinenlieferant die fraglichen Teile bezieht.

Solche Informationen verraten, ob der Hersteller daran interessiert ist, daß der Benutzer wenig Ausfallzeiten hat oder ob er ins Geschäft kommen und an Ersatzteilen verdienen will.

Grundsätzliches Ergebnis

Die Ausführungen zu dieser Verpackungsmaschine sind beispielhaft zu sehen für einen grundlegenden Anforderungswandel an Anleitungen überhaupt. Der Einsatz von Datenverarbeitung verlangt naturgemäß nach einer der Art und Qualität geeigneten Kommunikation. Außerdem verschieben DV und technologischer Fortschritt gemeinsam die Erfolgskriterien des industriellen Wettbewerbs; das wiederum verlangt Änderung der Organisationsprinzipien.

Neue Erfolgskriterien ➡	Organisationsprinzip
Qualität	Prozeßbeherrschung
Hohe Lieferbereitschaft	Rascher Durchlauf
Flexibilität	Rücknahme von Arbeits- und Funktionsteilung
Geborgenheit	Sozialpsychologisches Eingehen auf Denk-, Problem- und Sprachwandel
Ergebnis:	1– Rückverlagerung dispositiver Verantwortung in die Ausführung
	2– Flußorganisation

Fortschreitende Technologie ermöglicht es also, den Marktzwängen mit angemessenen Organisationsstrukturen zu begegnen; diese bilden ihrerseits eine neue soziale Situation der Arbeit, z.B. in Gestalt einer Entkopplung des Bedieners vom Maschinentakt, dies wiederum beeinflußt die Kommunikation tiefgreifend, auch die zwischen Maschine und Mensch. Sicherheit stellt sich als Eigenschaft des Systems als ganzem und das Produkt-Merkmal als eines von mehreren Symptomen dafür dar.

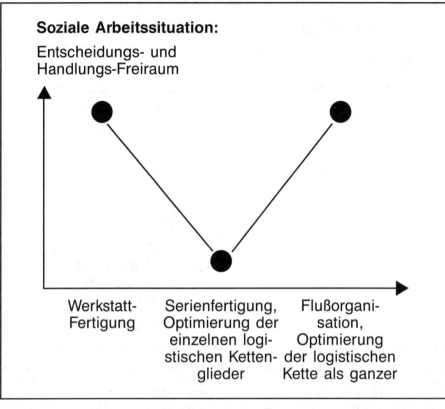

Führungskräfte müssen sich beim Übergang zu computergestützter Leistungserstellung und zur Flußorganisation darauf einstellen, daß ein Teil ihrer Kontrollprivilegien auf die Systeme und Mitarbeiter übergeht, dafür aber die Verantwortung für integrierende, richtungweisende Leitlinien wächst. Umgekehrt nimmt der Planungs-, Entscheidungs- und Handlungsfreiraum der Mitarbeiter zu; das **verlangt** verbesserte Information zur übergreifenden Orientierung und **autonom machende Anleitungen,** aber auch Abschirmung vor Kommunikations-Verschmutzung.

Ansatzpunkte dafür sind situativ der Arbeitsplatz (einschl. Maschine) und die Organisation sowie personenbezogene Maßnahmen (z. B. Auswahl, Schulung und Motivation). Der gemeinsam verbindende Nenner heißt Kommunikation, sie muß zwischen diesen Ansatzpunkten stimmig sein. Dem haben nicht nur die Betriebsanweisungen des Anwender-Unternehmers Rechnung zu tragen; ebenso der Außendienst des Lieferanten und auch die Anleitungen des Herstellers bzw. in sich abgestimmt seine technische, hinweisende und logistische Problemlösung als ganzes.

6.11 Arzneimittel

Keine Branche hat so umfangreiche und intensive Erfahrungen mit „hinweisender Sicherheit" wie die Pharmaindustrie. Der Zweck unmittelbarer Einwirkung auf die menschliche Gesundheit, die Unvermeidbarkeit von Restrisiken und die Einführung der Gefährdungshaftung lange vor dem Produkthaftungsgesetz (8/8; 12/II) sind die Gründe dafür. Wenn man solches Knowhow vom Grundsätzlichen her begreift, dann läßt es sich oft nutzbringend auf andere Branchen übertragen; in 8 Jahren der Moderation von firmen- und branchenübergreifenden Erfahrungsaustausch-Gruppen in Sachen Produzentenselbstschutz und Qualitätssicherung, hat der Verfasser damit hervorragende und vielfach nicht planbare Ergebnisse erzielen können.

Es folgt eine mustergültige Gebrauchsinformation – wie die Anleitung in dieser Branche heißt – der Firma Bayer. Die Einzelheiten des Funktionsteils werden nicht aufgezählt, aber die Unterteilung kann für jede Branche eine Checkliste auf Vollständigkeit darstellen. Dies sind die Informationen für den Endverbraucher, bemerkenswert noch, daß es zusätzliche Informationen für den Arzt gibt.

Zusammensetzung:

Anwendungsgebiete:

Gegenanzeige

Nebenwirkungen

Dosierungsanleitung und Art der Anwendung

Dauer der Anwendung

Arzneimittel für Kinder unzugänglich aufbewahren!
ERGÄNZENDE INFORMATIONEN

– Eigenschaften

– Hinweis

– Darreichungsform und Packungsgröße

– Weitere Darreichungsform

Beigefügt ist die folgende Bemühung um Kommunikation des Herstellers über das Produkt mit dem Anwender, die im Gerätebereich ihres gleichen sucht.

Gute Besserung wünscht Bayer
Wichtige Information für Ihre Gesundheit

Ihr Gegner: ein Pilz

Ihr Arzt hat bei Ihnen eine Pilzerkrankung festgestellt, ein millionenfach verbreitetes Übel. Es gibt verschiedene krankheitserregende Pilze, die meisten sind zum Glück nicht gefährlich. Pilzerkrankungen der Haut sind aber lästig und unhygienisch. Sie können auch ansteckend sein – und bei Nichtbehandlung können sie Ihrer Gesundheit schaden.
Eine Behandlung ist deshalb erforderlich.
Pilze können praktisch jede Stelle der Haut befallen. Zunnächst merken Sie nichts – bis sich Rötungen, Schuppungen oder gar Schwellungen zeigen, die zumeist auch jucken.

Ihr Mittel: Mycospor

Mycospor gibt es als Creme und Lösung. In beiden Formen hilft es gegen praktisch alle Pilze, die zu Hauterkrankungen führen – **wenn Sie es regelmäßig anwenden.**
Mycospor dringt tief in die Haut ein und greift daher überall den Pilz an. Der Pilz stellt zunächst sein Wachstum ein und stirbt in den meisten Fällen ab.

Die Tricks der Pilze

Pilze wachsen in die Tiefe der Haut hinein und „verwurzeln" sich dort meist mit einem Fadengeflecht. Deshalb läßt sich eine bestehende Pilzerkrankung durch normale hygienische Maßnahmen allein, wie z.B. Waschen, nicht heilen. Pilze können sich rasch vermehren. Deshalb kann eine Pilzinfektion wieder aufflammen, wenn bei der Behandlung nur wenige Pilzelemente übrigbleiben.
Daher ist es **unbedingt erforderlich, jeden Tag und ausreichend lange** Mycospor anzuwenden. Nur so überlisten Sie die Pilze.
Ihre Haut hilft Ihnen dabei: die Haut wächst nämlich ständig nach und schiebt so die befallenen Gebiete mit den toten und wachstumsunfähigen Pilzelementen nach außen. Dort werden Sie mit den Hautschuppen abgestoßen. Die Dauer der Heilung ist daher von der Pilzart, der Dicke der befallenen Hautschicht und von der Größe der Pilzerkrankung abhängig.

Wie Sie Mycospor anwenden sollten

Mycospor bleibt über viele Stunden in der Haut wirksam. Deshalb brauchen Sie nur einmal am Tag, am besten abends vor dem Zubettgehen, Mycospor dünn aufzutragen und einzureiben. In den meisten Fällen ist eine **regelmäßige** Behandlung über 2–3 Wochen ausreichend. Das sind nur 14–21 Anwendungen, von denen Sie aber keine auslassen dürfen. In seltneren Fällen ist auch eine längere Behandlung erforderlich. Bitte richten Sie sich nach den Anweisungen Ihres Arztes.
Mycospor ist angenehm in der Anwendung und sehr gut verträglich. Mycospor ist geruchlos, nicht fettend und zieht rasch in die Haut ein.
Durch die Wirkung von Mycospor und durch die Erneuerung der Haut können Sie in wenigen Wochen wieder frei von Pilzen sein.

Woran Sie merken, daß Mycospor wirkt

Die lästigen Erscheinungen einer Pilzerkrankung, vor allem der Juckreiz, verschwinden meist schon in der ersten Woche der Behandlung. **Trotzdem müssen Sie gerade jetzt die Behandlung fortführen.** Denn Ihre Haut braucht Zeit, bis sie durch ihr Wachstum alle Pilzelemente abgestoßen hat.

Was Sie zusätzlich tun können

Waschen Sie **vor** jeder Anwendung die erkrankte Hautstelle. Trocknen Sie nach dem Waschen gründlich ab, vor allem auch schlecht zugängliche Stellen, z.B. zwischen den Zehen. Dadurch werden lockere Hautschuppen entfernt. Sie erleichtern damit das Eindringen des Wirkstoffes in die Haut.
Wechseln Sie täglich Handtücher und Kleidungsstücke, die mit der erkrankten Stelle in Berührung kommen. Dadurch verhindern Sie, daß Sie sich selbst ständig wieder anstecken.
Durch diese einfachen Maßnahmen unterstützen Sie die Heilung und vermeiden eine Übertragung der Pilzerkrankung auf andere Körperteile oder gar auf andere Personen. So helfen Sie, den Pilz rasch wieder loszuwerden.

Und nach Ende der Mycospor-Behandlung?

Waschen Sie sich besonders gründlich nach der Benutzung von Gemeinschaftseinrichtungen (Schwimmbädern, Saunen, Hotelzimmer usw.) und trocknen Sie sich stets gründlich ab. Pilze lieben nämlich Feuchtigkeit. So können sich die Pilze in Ihrer Haut gar nicht erst häuslich niederlassen.

Sie können sich wieder wohl fühlen!

Wenn Sie den Anweisungen Ihres Arztes und diese Empfehlungen beachten, können Sie Ihre Pilzerkrankung nach kurzer Zeit wieder loswerden. Ihre Haut ist wieder gesund und sieht gepflegt aus.

6.12 Zwei Beispiele aus USA

Elektrischer Grill – Sicherheitshinweise (Safeguards)

Bei der Benutzung elektrischer Haushaltsgeräte müssen grundsätzlich Sicherheitsvorkehrungen getroffen werden:
- Lesen Sie bitte zuerst alle Instruktionen.
- Stellen Sie die Geräte nicht in der Nähe von Wärmequellen wie Öfen auf.
- Benutzen Sie normale, nicht extra dafür gekennzeichnete Haushaltsgeräte nicht in Feuchträumen oder im Freien.
- Lassen Sie die Anschlußleitung nicht über Tischkanten hängen.
- Überzeugen Sie sich, daß das Gerät ausgeschaltet ist, bevor Sie es in die Steckdose einstecken oder es herausziehen.
- Erhöhte Aufmerksamkeit ist erforderlich, wenn Kinder in der Nähe des in Betrieb befindlichen Gerätes sind.
- Nehmen Sie kein Gerät mit einer beschädigten oder „nach Spannung" riechenden Steckdose oder Zuführung in Betrieb; auch kein Gerät, das hingefallen, irgendwie beschädigt ist oder schlecht funktioniert hat. In all diesen Fällen sofort den nächsten autorisierten Wartungs- bzw. Reparaturdienst ansprechen.
- Benutzen Sie jedes Gerät nur für den vorgesehenen Zweck.
- Der Grill darf nicht mit zu großen Grillstücken, Vakuumverpackungen, Pappbehältnissen u. ä. betrieben werden, da dies zu Brand und Elektrounfällen führt.
- Wenn Aluminiumfolie benutzt wird, darf diese nicht die Heizstäbe berühren.
- Keine geschlossenen Behältnisse aufheizen und offene Behältnisse groß genug für aufgehende Teige oder Flüssigkeitsausdehnung wählen.
- Brot und Backwaren entflammen bei Überhitzung. Unter Beobachtung halten, insbesondere bei wiederholter Benutzung wegen der Vorerwärmung.
- Vergewissern Sie sich, daß kein Gegenstand den Toasthebel daran hindern kann, nach Abschluß des Wärmevorgangs hochzuschnellen.
- Lassen Sie den in Betrieb befindlichen Grill nicht aus Ihrem Gesichtskreis.
- Damit Sie nicht das Risiko eingehen, einen elektrischen Schlag zu bekommen, sollten Sie nichts verschütten oder mit dem Gerät fest verbundene Teile wie Leitungen, mit Flüssigkeiten in Berührung bringen.
- Berühren Sie nicht die (heiße) Oberfläche, benutzen Sie die Handgriffe und Bedienungselemente.
- Bei Abdeckung oder Berührung mit diesem Grill können brennbare Materialien in Flammen aufgehen. Dies schließt Papier, Kunststoffprodukte, Vorhänge, Reinigungsmittel, Spraydosen u. a. ein. Mit mindestens 20 cm auch von der Wand aufstellen.
- Stecker ziehen, sobald das Gerät gereinigt oder nicht gebraucht wird.
- Säubern Sie Elektrogeräte nicht mit Metallwolle; es könnten Teilchen abbrechen und Unfälle auslösen.
- Spray und andere Reinigungsmittel können die elektrischen Teile des Grills beschädigen.

– Reinigen Sie die Glastüre nicht mit scharfen Gegenständen. Dies kann unsichtbare Beschädigungen oder Spannungen verursachen, welche dann bei Erhitzung zum Platzen führen.

– Die Verwendung von Ersatzteilen und Zusatzeinrichtungen, die nicht vom Hersteller des Gerätes verkauft oder empfohlen werden, kann Brände, Schläge und Verletzungen verursachen.

– Dieses Gerät ist für die Ansprüche eines Haushaltes ausgelegt und nicht für kommerzielle oder industrielle Einsatzbeanspruchung.

Bewahren Sie diese Instruktionen zugriffsfähig auf, geben Sie sie jedem Benutzer.

Beigefügt ist eine Eigentums-Registrier-Karte mit dem Vermerk: Bitte senden Sie uns sofort Ihren Namen mit Adresse, falls wir Ihnen unerwarteterweise eine die Sicherheit des Produktes betreffende Nachricht zukommen lassen müssen.

Pestizid

„Waterworth" ist ein Pestizid, das vermeiden soll, daß sich Pilze und Algen im Wasser von Wasserbetten entwickeln können. Auf den Etiketten ist die Registrier-Nr. der Genehmigungsbehörde klar erkennbar und alle Bestandteile sind namentlich, mit der chemischen Formel und ihrem Anteil verzeichnet. Obwohl diese Pestizide nur für Pilze und Algen giftig sind, angeblich nicht für Menschen, müssen Warnungen für die Anwendung und Aufbewahrung gegeben werden sowie die erforderlichen Maßnahmen, falls Hautberührung oder Einnehmen stattfindet. Ausschnittsweise Wiedergabe des Flaschen-Etiketts:

GEFÄHRLICH!

Aus der Reichweite von Kindern halten. Verursacht schwere Augen- und Hautschäden. Beim Einfüllen Schutzbrille und Gummihandschuhe tragen. Verschmutzte Kleidung sofort gründlich spülen. Verschlucken ist schädlich bis lebensgefährlich. Einwirkung auf Nahrungsmittel vermeiden.

ACHTUNG!

Das Produkt ist für Fische giftig. Behandeltes Wasser nicht in Bäche, Teiche und öffentliche Gewässer entleeren, nur in Kanalisation. **Leere Behälter erst spülen, dann erst in den Müll.**

ERSTE HILFE!

Sofort nach Berührung Augen oder Haut mindestens 15 Minuten mit Wasser spülen; bei Augen dann Arzt rufen. Ebenso mit verseuchter Kleidung verfahren. Nach Einnahme sofort Nachtrinken größerer Mengen Milch, Eiweiß, Gelatine oder, falls nichts davon vorhanden, Wasser. Keinen Alkohol! Sofort in ärztliche Behandlung begeben.

Es folgen Hinweise für Ärzte und die eigentliche Gebrauchsanleitung.

6.13 Karikierende Übertreibung für Lehrzwecke

In der Urteilsbegründung zur Alarmpistole (2/523) heißt es:

Die **Anforderungen** an die Hinweispflicht des Herstellers dürfen **überspannt werden.** Unter dem Gesichtspunkt der Verkehrssicherungspflicht sind Hersteller nur dann genötigt, für die Belehrung der Abnehmer zu sorgen, wenn sie aufgrund der Besonderheiten des Geräts sowie der bei den Benutzern vorauszusetzenden Kenntnisse damit rechnen müssen, daß bestimmte konkrete Gefahren entstehen können.

Was auf dem Gebiet allgemeinen Erfahrungswissens der in Betracht kommenden Abnehmerkreise liegt, braucht nicht zum Inhalt einer Gebrauchsbelehrung gemacht zu werden.
Ist die Gefahr, die sich bei dem Kläger verwirklicht hat, für ihn ohne weiteres **erkennbar** gewesen, so liegen die bestehenden Gefahren für den Benutzer im Bereich seines **allgemeinen Lebensrisikos** und können dem Hersteller nicht angelastet werden. Insbesondere läßt nicht jede entfernt liegende Möglichkeit einer Gefahr bereits Sicherungs- und **Warnpflichten** entstehen, denn **nicht jeder denkbaren Gefahr** muß durch vorbeugende Maßnahmen begegnet werden.

Die folgende „Gebrauchsanleitung für Bananen" will die „Grenze zwischen Hersteller- und Anwender-Verantwortung" karikieren:

Diese Frucht wurde unter tropischen Bedingungen produziert und geprüft. Dies bedingt die Behandlung mit Pflanzenschutzmitteln und Insektiziden, die nach dem Stand der Technik gewählt wurden, aber bei unzulässiger Dosierung in der Nahrungsaufnahme gesundheitsschädlich sind. Es gehört deshalb zu Ihren Sorgfaltspflichten, die Verpackung (Schale) zu prüfen. Besteht auch nur der Verdacht auf Beschädigung, ist von jeglicher Verwendung abzusehen und die gesamte Banane vor dem Zugriff Dritter sicherzustellen (siehe Entsorgung).

Öffnungsanleitung

Banane mit der Haltehand um die untere Hälfte fassen (Linkshänder mit der rechten), Fruchtstiel (vorstehende Verlängerung am oberen Ende) muß nach oben gerichtet sein. Der Druck der Haltehand ist so einzustellen, daß die Banane nicht gequetscht wird, andererseits aber sicheren Halt für den bestimmungsgemäßen Verbrauch gewährleistet. Die Bedienungshand darf nun den Fruchtstiel zwischen Daumen und Zeigefinger nehmen, diesen leicht abbiegen und mit einem festen, kontinuierlichen Ruck nach unten die Verpackung auftrennen. Verbleibende Verpackungsstreifen werden in gleicher Weise abgezogen.

Warnung

Es wird dringend davon abgeraten, zum Öffnen der Verpackung Messer, Scheren, Nagelreiniger, Schraubenzieher oder andere scharfkantige Gegenstände zu verwenden. Läßt sich die Banane nicht in der vorgeschriebenen Weise öffnen, ist vielmehr vom Ge- und Verbrauch abzusehen sowie eine ungefährliche Versorgung durchzuführen.

Entsorgung

Die Verpackung (Schale) dieser Frucht ist in frischem Zustand schlüpfrig (niedriger Reibungskoeffizient) und kann bei Personen, die mit dem Fuß oder einem Balance erfordernden Fortbewegungsapparat auf die Schale kommen, zum Verlust des Gleichgewichtes und als Folge davon zu Verletzungen führen (Sturz ist die häufigste Ursache von Unfällen im Haushalt und kann tödliche Folgen haben).

Die Entsorgung dieser Verpackung bedarf deshalb besonderer Sorgfalt bzw. Sicherheitsvorkehrungen.

Entsorgungswarnung

Die abgezogenen Verpackungsstreifen oder unbenutzbaren Bananen müssen in einem Behältnis deponiert werden, das sie vor fahrlässiger oder mutwilliger Entwendung bewahrt. Bananen dürfen nicht in die Reichweite unbeaufsichtigter Kinder oder unmündiger Erwachsener geraten, die für eine ordnungsgemäße Entsorgung nicht zur Verantwortung gezogen werden können (siehe Warnung).

Verbrauchsanleitung

Der Verzehr wird durch Annäherung der Haltehand mit der Banane zum Mund oder umgekehrt eingeleitet. Braune Stellen beeinträchtigen den Nähr- und Geschmackswert nur unerheblich. Vorsicht beim Abbiß, insbesondere bei Schwächen der Kau- und Schluckmuskulatur. Größere Stücke können in Verbindung mit ungenügenden Kauleistungen zu Würge- und Erstickungsanfällen führen, welche Störungen des Kreislaufs, Dauerschäden des Hirns und Tod nach sich ziehen können. In solcher Notlage sich sofort fest auf den Rücken klopfen lassen, Brechmittel nehmen und das nächste Krankenhaus aufsuchen, damit von der Reizung ausgelöste Spätschwellungen rechtzeitig unter ärztliche Kontrolle kommen.

Nebenwirkungen bei bestimmungsgemäßem Gebrauch
Vorsicht, Allergiker!

Der Kontakt mit Chemikalienresten auf der Schale kann Allergien verursachen. Bananen haben einen hohen Kaliumgehalt und können deshalb bei Diäten und Schwangerschaften unerwünschte Nebenwirkungen zeitigen. Fragen Sie Ihren Arzt. Größere Mengen können zu Hyperkalemie führen, welche Übergewicht, Appetitlosigkeit, Atembeschwerden oder Ermüdungserscheinungen zur Folge haben kann.

Nicht bestimmungsgemäßer Gebrauch

Die Banane ist ein Nahrungsmittel. Gebrauchen Sie sie nicht für andere Zwecke.

B Betriebs-Anweisungen

7 Begriff

Es gibt vier gute Gründe, ein Buch über Betriebs-**Anleitungen** mit einem Blick auf Betriebs-**Anweisungen** abzurunden:
1) Nicht jedem ist der rechtliche Unterschied klar; die im GSG verwendete Bezeichnung „Gebrauchsanweisung" für das, was nicht nur wir zur Unterscheidung gerne alleine dem Begriff „Anleitung" zuordnen, würden, trägt noch zur Verwirrung bei.
2) Die Betriebsanleitung kann vor allem im Ausland zur Betriebsanweisung werden (z. B. in Frankreich oder USA). Dabei sind dann Unterschiede des gewerblichen Ausbildungssystems zu berücksichtigen.
3) Im Inland müssen sich Anleitung und Anweisung widerspruchsfrei und lückenlos ergänzen.
4) Die kommunikativen Anforderungen insbesondere bezüglich Gesundheitsschutz und Sicherheit unterliegen denselben Prinzipien.

Dennoch unterscheidet sich die Erstellung einer Anweisung deutlich von der einer Anleitung, insbesondere ist sie in vielen Belangen weniger ungewiß.

Die Betriebs-**Anleitung** stellt nämlich im hier gewählten Sprachgebrauch die **produktbegleitende hinweisende Sicherheit des Herstellers** dar.

Hingegen **schützt** der weisungsverpflichtete **Unternehmer mit** Betriebs-**Anweisungen** seine weisungsgebundenen Mitarbeiter davor, daß das Produkt ihnen und der Umwelt unter den gegebenen **betrieblichen Umständen Schaden zufügt**.

Die „Technischen Regeln für Gefahrstoffe 555" definieren:

Betriebsanweisungen sind arbeitsplatz- und tätigkeitsbezogene, verbindliche schriftliche Anordnungen und Verhaltensregeln des Arbeitgebers an Arbeitnehmer zum Schutz vor Unfall- und Gesundheitsgefahren sowie zum Schutz der Umwelt beim Umgang mit Gefahrstoffen.

Betriebsanleitungen, Bedienungsanleitungen und Gebrauchsanweisungen des **Herstellers oder Lieferanten** von Geräten **sind keine Betriebsanweisungen** im Sinne dieser TRGS. **Auch Sicherheitsdatenblätter** gelten **nicht** als Betriebsanweisungen.

Arbeitnehmer, die beim Umgang mit Gefahrstoffen beschäftigt werden, müssen anhand der Betriebsanweisung über die auftretenden Gefahren sowie über die Schutzmaßnahmen unterwiesen werden. Gebärfähige Arbeitnehmerinnen sind zusätzlich über die für werdende Mütter möglichen Gefahren und Beschäftigungsbeschränkungen zu unterrichten. Die Unterweisungen müssen vor der Beschäftigung und danach mindestens einmal jährlich mündlich und arbeitsplatzbezogen erfolgen. Inhalt und Zeitpunkt der Unterweisungen sind schriftlich festzuhalten und von den Unterwiesenen durch Unterschrift zu bestätigen.

Unterweisungen sind in diesem Zusammenhang arbeitsplatz- und tätigkeitsbezogene **mündliche** Informationen über Gefahrstoffe, Unterrichtungen über Schutzmaßnahmen sowie Belehrungen über das richtige Verhalten und den sicheren Umgang mit Gefahrstoffen.

ANLEITUNG –
   produktbegleitende, hinweisende Sicherheit

ANWEISUNG –
   arbeitsplatz- und tätigkeitsbezogene,
   verbindliche Anordnung

   Anleitungen sind keine Anweisungen
      im Sinne der TRGS;
   auch Sicherheitsdatenblätter nicht.

   Anleitungen können jedoch im Ausland
   als Anweisung Verwendung finden!

UNTERWEISUNGEN sind mündliche Informationen

8 Verantwortung für Arbeitssicherheit

Der Unternehmer steht in der Verantwortung für den bestimmungsgemäßen Einsatz der Arbeitsmittel sowie der organisatorischen Fürsorge zur Sicherung eines gefahrlosen Betriebs. Dies ist öffentlich-rechtlich festgelegt in
- § 120a Abs. 4 der Gewerbeordnung und
- § 2 Abs. 1 der **Unfallverhütungsvorschrift** „Allgemeine Vorschriften (VGB 1)".
- § 20 der Gefahrstoffverordnung und weiterer spezifischer Vorschriften.

Zivilrechtlich findet sich die Verantwortung für Arbeitssicherheit
- als Fürsorgepflicht in § 618 BGB und
- als Personalpflicht zur Auswahl, **Unterweisung** und Überwachung nach § 823 BGB.

Auf Gemeinschaftsebene wird die im Entwurf (89/655/EWG in Amtsbl. L 393/13) vorliegende Richtlinie der allgemeinen Mindestvorschriften an die Ausstattung und den Einsatz von Arbeitsmitteln, die Betriebsanweisung regeln. Darin heißt es:

Abschnitt II: Pflichten des Arbeitgebers

Artikel 3: **Allgemeine Pflichten**

(1) Der Arbeitgeber trifft die erforderlichen Vorkehrungen, damit die den Arbeitnehmern im Unternehmen bzw. Betrieb zur Verfügung gestellten Arbeitsmittel für die jeweiligen Arbeiten geeignet sind oder zweckentsprechend angepaßt werden, so daß bei der Benutzung die Sicherheit und der Gesundheitsschutz der Arbeitnehmer gewährleistet sind.

Bei der Auswahl der einzusetzenden Arbeitsmittel berücksichtigt der Arbeitgeber die besonderen Bedingungen und Eigenschaften der Arbeit sowie die insbesondere am Arbeitsplatz bestehenden Gefahren für die Sicherheit und die Gesundheit der Arbeitnehmer im Unternehmen bzw. im Betrieb und/oder die Gefahren, die aus der Benutzung der betreffenden Arbeitsmittel zusätzlich erwachsen.

(2) Ist es nicht möglich, demgemäß die Sicherheit und den Gesundheitsschutz der Arbeitnehmer bei der Benutzung der Arbeitsmittel in vollem Umfang zu gewährleisten, so trifft der Arbeitgeber die geeigneten Maßnahmen, um die Gefahren weitgehend zu verringern.

Artikel 6: **Anweisung der Arbeitnehmer**

(1) Der Arbeitgeber trifft die erforderlichen Vorkehrungen, damit den Arbeitnehmern angemessene Informationen und gegebenenfalls Betriebsanweisungen für die bei der Arbeit benutzten Arbeitsmittel zur Verfügung stehen.

(2) Die Informationen und die Betriebsanweisungen müssen zumindest folgende Angaben in bezug auf die Sicherheit und den Gesundheitsschutz enthalten:
- *Einsatzbedingungen des jeweiligen Arbeitsmittels;*
- *absehbare Störfälle;*
- *Rückschlüsse aus den bei der Benutzung von Arbeitsmitteln gegebenenfalls gesammelten Erfahrungen.*

(3) Die Informationen und Betriebsanweisungen müssen für die betroffenen Arbeitnehmer verständlich sein.

Artikel 7: **Unterweisung der Arbeitnehmer**
Der Arbeitgeber trifft die erforderlichen Vorkehrungen, damit
- *die mit der Benutzung der Arbeitsmittel beauftragten Arbeitnehmer eine angemessene Unterweisung – auch in bezug auf die mit der Benutzung gegebenenfalls verbundenen Gefahren – erhalten;*
- *die in Artikel 5 – zweiter Gedankenstrich – genannten Arbeitnehmer eine angemessene Spezialunterweisung erhalten.*

Artikel 8: **Anhörung und Beteiligung der Arbeitnehmer**
Diese Richtlinie gilt für alle Maschinen, Apparate und Vorrichtungen, die bei der Arbeit benutzt werden. Sie wird ab 1. Januar 1993 für alle neuen Einrichtungen in Kraft treten. Die Maschinen und Anlagen, die an diesem Datum schon in Betrieb sind, müssen sich bis zum 1. Januar 1998 diesen Vorschriften anpassen. Die Richtlinie wird noch durch Vorschriften für Werkzeug erweitert werden.

Das **Bindeglied** der Vorschriften für die Arbeitgeber **zu den Sicherheitsauflagen an den Hersteller und seine Betriebsanleitungen sind die Unfallverhütungs-** und die Arbeitsschutz-Vorschriften sowie technische Normen, aus denen die Kernvorschriften der den Hersteller verpflichtenden Schutzgesetze, z. B. des GSG, abgeleitet werden.

Dies klingt selbstverständlich, vermag sich aber gegen den rauhen Wind des Verdrängungswettbewerbs nicht immer durchzusetzen. Sonst müßten nicht nur die in den Betriebsanleitungen berücksichtigten Restrisiken in den Betriebsanweisungen ihren Niederschlag finden, sondern auch die zusätzlich noch hineingebrachten Risiken, modifiziert um die arbeitsplatzspezifischen Schutzerfordernisse. Bei einigen Maschinenarten sieht in unserem eigenen Land – und nicht etwa in USA – die Praxis anders aus: Auf Anfrage bieten die Produkthersteller für die Einsatzweise und nach den UVV erforderliche Schutzeinrichtungen an. Der Interessent stellt dann den Auftrag unter der Bedingung in Aussicht, daß bestimmte Schutzeinrichtungen weggelassen und dafür ein spürbarer Preisnachlaß gewährt wird. Der Verkäufer will sein Soll erfüllen und sagt zu, weil ja „noch nie was passiert ist". Das bezieht sich allerdings nur auf die von ihm verkauften Maschinen, denn die Branche kennt immer wieder Todesfälle. Natürlich enthalten dann auch die Betriebsanweisungen keine entsprechenden Gefahren- und Schutzhinweise. Sollte dann doch „etwas passieren", ehe die Berufsgenossenschaft fündig geworden ist, steht der Staatsanwalt nicht nur im Büro des Arbeitgebers; mehrere Beteiligte haben vorsätzlich gegen Schutzgesetze verstoßen.

Vorschrift UVV §	UVV fordert Anweisung	
	Gefahrenquelle	Forderung im Zusammenhang mit Anleitungen
(VBG 74) 2.0 3	Zusammensetzen von Leiterteilen	Betriebsanleitungen über das Zusammensetzen und Verbinden von Leiterteilen durch den Benutzer
	Mechanische Leitern	Betriebsanweisung
(VBG 7z) 13.3 19	Zentrifugen	Betriebsanweisung unter Berücksichtigung der Betriebs- und Gebrauchsanleitung des Herstellers
ZH 1/428 5.7	Lagereinrichtungen und -geräte	Aufbau- und Betriebsanleitung sowie zusätzliche Betriebsanweisungen für die Beschäftigten
ZH 1/455 5.2.1	Flüssiggas Verbrauchseinrichtungen	Betriebsanleitungen der Hersteller und erforderlichenfalls ergänzende Betriebsanweisungen des Unternehmers

Das Blatt „Betriebsanweisungen und Unterweisung nach § 20 GefStoffV der Technischen Regeln für Gefahrstoffe" (TRGS 555, Fassung Oktober 1989) enthält Empfehlungen für die Aufstellung von Betriebsanweisungen sowie die Durchführung von Unterweisungen. Darin heißt es u. a.:

- Betriebsanweisungen sind auch erforderlich, wenn damit zu rechnen ist, daß bei Abweichungen vom bestimmungsgemäßen Betrieb Gefahrstoffe entstehen oder freigesetzt werden können.
- Betriebsanweisungen sind jeweils an neue arbeitswissenschaftliche und betriebliche Erkenntnisse anzupassen.
- Jede Betriebsanweisung ist individuell, d.h. beispielsweise in den **Sprachen** der **an diesem Arbeitsplatz** Beschäftigten abzufassen.
- **Betriebsanweisungen** sind an geeigneter Stelle bekannt zu machen. Das kann **bei Gefahrstoffen** zu einer **Dreiteilung** führen:

Teil A enthält die für den gesamten Betriebsteil gültigen Schutzmaßnahmen und Verhaltensregeln. Er soll allen Personen – einschließlich der nicht ständig Beschäftigten – einen raschen Überblick vermitteln und ist deshalb zentral oder an den Zugängen auszuhängen.

Teil B geht auf die unterschiedlichen Bedingungen an den einzelnen Arbeitsplätzen ein (TRGS 555) und ist dort auszuhängen (die Unterweisung geht auch auf individuelle Unterschiede der Beschäftigten ein). Im Interesse der Übersichtlichkeit enthält Teil B Stoffinformationen nur im unbedingt erforderlichen Maß.

Teil C gibt zusätzliche stoffspezifische Informationen für den Einzelfall, Unfälle sowie mündliche Unterweisungen. Dieser Teil muß nicht ausgehängt werden, jedoch sollte sein Aufbewahrungsort den Beschäftigten bekannt und rasch zugänglich sein.

In einem ordnungsgemäß geführten Betrieb entdeckten wir zur gleichen Gefährdung folgendes Rundschreiben:

Rundbrief

Sachgebiet: Arbeitsmittel – Kraftbetriebene

Betrifft: Pressen   Ergänzt vom Rundbrief
           Ersetzt

Mit dem Inkrafttreten der Unfallverhütungsvorschriften VBG 7n5.1 „Exzenter- und verwandte Presse" und VBG 7n5.2 „Hydraulische Pressen" erfolgte zugleich die Anpassung an
- den Stand der Technik,
- die Gestaltungsgrundsätze des berufsgenossenschaftlichen Vorschriftenwerkes,
- die Begriffsbestimmungen der Basisvorschrift (VBG 5).

Die Bestimmungen des Abschnittes „Bau und Ausrüstung" wenden sich ausschließlich an Unternehmer. Die darin behandelten Schutzmaßnahmen und ihre Rangfolge sind der folgenden Matrix zu entnehmen:

Schutzmaßnahme Schutzeinrichtung	Schutzwirkung			
	Bediener	Handschutz	Dritte Person	Schutz vor wegfliegenden Teilen
1. Sichere Werkzeuge	ja	ja	ja	ja
2. Feste Verdeckungen	ja	ja	ja	ja
3. Bewegliche Verdeckungen	ja	ja	ja	ja
4. Berührungslos wirkende Schutzeinrichtungen	ja	ja	ja	nein
5. Zweihandschaltung	ja	ja	nein	nein
6. Abweisende Schutzeinrichtungen	ja	ja	nein	nein

Können aus fertigungs- oder montagetechnischen Gründen obengenannte Schutzeinrichtungen nicht angewendet werden, muß sichergestellt sein, daß Verletzungen durch andere, in der Schutzwirkung mindestens gleichwertige Sicherungsmaßnahmen verhindert werden. Diese Ersatzmaßnahmen sind der Berufsgenossenschaft 14 Tage vor Aufnahme der Arbeit vorzulegen.

Da organisatorische Maßnahmen nicht der dreijährigen Übergangsfrist gemäß VBG 1 § 61 unterliegen, gelten nachfolgend aufgeführte Regelungen:
- Hydraulische Pressen, die vor dem 1. 4. 1987 in Betrieb waren und mit Zweihandschaltung bzw. berührungslos wirkenden Schutzeinrichtungen ausgerüstet sind, brauchen dann keine Nachlaufüberwachung, wenn der Nachlauf mindestens halbjährlich durch einen Sachkundigen geprüft wird.
- Die für jeden Pressenarbeitsplatz verbindlichen und von den Mitarbeitern zu befolgenden Betriebsanweisungen liegen bei. Sie wurden von einem ABB-Arbeitskreis gemeinsam mit der Berufsgenossenschaft der Feinmechanik und Elektrotechnik (BG 10) erarbeitet und sind nach Pressenart und Schutzmaßnahme an den Pressen auszulegen oder auszuhängen.
Anlage 1a: Betriebsanweisung allgemein
Anlage 1b bis 1g: Spezifische Betriebsanweisungen.
- Die Mitarbeiter sind mindestens einmal halbjährlich darauf hinzuweisen, daß vor Beseitigung von Störungen und dgl. im Arbeitsablauf die Ausschalteinrichtung zu betätigen ist.

Weiterhin wurde mit der BG 10 eine verbindliche Regelung für die Fälle vereinbart, bei denen Presseneinrichter und Kontrollperson ein und dieselbe Person ist (siehe Anlagen 2).

Für Spindelpressen gilt weiterhin VBG 7n5.3/10.67.

Die nachstehend aufgeführten Sicherheitsregeln sind unverändert als Ergänzung bzw. zur Präzisierung der Unfallverhütungsvorschriften gültig:

281 Sicherheitsregeln für berührungslos wirkende Schutzeinrichtungen an kraftbetriebenen Pressen der Metallbearbeitung.

387 Sicherheitsregeln für Biegearbeiten auf kraftbetriebenen Gesenkbiegepressen (Abkantpressen) der Metallbearbeitung.

457 Sicherheitsregeln für Steuerungen an kraftbetriebenen Pressen der Metallbearbeitung.

508 Sicherheitsregeln für bewegliche Abschirmungen an kraftbetriebenen Exzenter- und verwandten Pressen der Metallbearbeitung.

Wir bitten Sie, die bei Ihnen betroffenen Stellen über die Vorschriften und die mit der BG 10 getroffenen Regelungen zu unterrichten.

Die Unfallverhütungsvorschriften können bei der BG 10 abgerufen werden. Die zitierten Sicherheitsregeln sind beim Karl Heymanns Verlag KG, Luxemburger Straße 449, 5000 Köln 41, zu beziehen.

Unterschrift

Verteiler

Anlagen

Anlage 2:

Arbeitsanweisung

Betr.: Einrichten von „Exzenterpressen und Hydraulischen Pressen"
Bezug: Umfallverhütungsvorschriften VBG 7n5.1, § 17
VBG 7n5.2, § 16

Der Einrichter, Herr .... Abt. .... bestätigt, daß nach jedem Einrichtvorgang an einer Presse, diese erst dann freigegeben wird, wenn festgestellt ist, daß die erforderlichen Schutzmaßnahmen getroffen und wirksam sind.

Anhand einer Prüfliste ist festzustellen:
- a) Werkzeuge eingerichtet
- b) Betriebsart eingestellt
- c) Schutzeinrichtung
  - geschlossenes Werkzeug
  - feste Verdeckung
  - bewegliche Verdeckung
  - berührungslos wirkende Schutzeinrichtung
  - Zweihandschaltung
- d) erforderlichenfalls andere Sicherheitsmaßnahmen
- e) Umstelleinrichtung gegen unbefugtes Betätigen sichern

Jeder Einrichtvorgang ist im Kontrollbuch der jeweiligen Presse mit den Angaben
- Werkzeugbezeichnung
- getroffene Schutzmaßnahmen
- Datum, Uhrzeit

zu bestätigen.

....
Unterschrift verpflichtende Stelle   Unterschrift Einrichter

....
Datum

9 Anweisungen erstellen

Folgendes Beispiel einer Betriebsanweisung ist in der Broschüre „Sicherheit durch Betriebsanweisungen" (ZH 1/172) der Arbeitsgemeinschaft der Eisen- und Metall-Berufsgenossenschaften zu finden:

BETRIEBSANWEISUNG Nr.

1. ANWENDUNGSBEREICH

Bedienen der Exzenterpresse .... durch Maschinenführer.

2. GEFAHREN FÜR MENSCH UND UMWELT

— Quetschgefahr für Finger und Hände bei unbeabsichtigtem Stößelniedergang
    — im Arbeitsbereich des Werkzeugs,
    — zwischen Werkzeug und Maschine.
— Gefahr durch wegfliegende Splitter bei Störungen am oder im Werkzeug.

3. SCHUTZMASSNAHMEN UND VERHALTENSREGELN

— Arbeitsaufnahme an der Presse nach dem Einrichten oder nach Störungsbeseitigung nur nach Freigabe durch die Kontrollpersonen
Herrn .... oder
Herrn ....
— Verändern der Schutzeinrichtungen oder der Betriebsart ist untersagt.

4. VERHALTEN BEI STÖRUNGEN

— Bei Störungen in oder am Werkzeug rote Not-Aus-Taste drücken, Störung beseitigen, weiterarbeiten.
— Sonstige Störungsbeseitigungen nur durch ....
— Bei ungewöhnlichen Geräuschen oder Steuerungs-Unregelmäßigkeiten rote Not-Aus-Taste drücken, Aufsichtsführenden informieren.

5. VERHALTEN BEI UNFÄLLEN, ERSTE HILFE

— Maschine abschalten.
— Verletzte bergen.
— Erste Hilfe leisten (Blutung stillen, abgetrennte Gliedmaßen in Plastiktüte mitgeben).
— Unfall melden. Tel. ....

6. INSTANDHALTUNG, ENTSORGUNG

— Instandhalten, Abschmieren und Reinigen nur durch hiermit beauftragte Personen.

7. FOLGEN DER NICHTBEACHTUNG

Grundsätzliche Folgen: Verletzung
Arbeitsrechtliche Folgen: Abmahnung, Verweis ....

Datum: _____ Unterschrift: _____

Die inhaltliche Gestaltung von Betriebsanweisungen unterliegt dem Mitbestimmungsrecht des Betriebsrates nach § 87 Absatz 1 Ziffer 7 des Betriebsverfassungsgesetzes (BetrVG). Grundsätzlich vereinfachend für die Erstellung von Anweisungen im Vergleich zu Anleitungen wirkt sich aus, daß die Einsatz-Situation nicht nur bekannt und sachbezogen, sondern auch vom Anweisenden formbar ist, beginnend mit der Personenwahl über die Arbeitsplatzgestaltung bis zur Aufgabe selbst. Dennoch ist es ratsam, sich fachkundig beraten zu lassen (durch Gewerbeaufsichtsamt, Betriebsärzte, Unfallexperten u. a.). Betriebsanweisungen sind laufend an veränderte betriebliche Bedingungen und neue Arbeitsschutzerkenntnisse anzupassen.

Betriebsanweisungen
- bedürfen der **Schriftform**
- sind arbeitsplatzbezogen (z. B. Stanze)
  und tätigkeitsbezogen (z. B. Einrichter, Bediener);
- werden konkret im Denk- und Verständigungs-Stil der Anweisungs-Empfänger abgefaßt;
- sollen überschaubar, handlich, umfeldunempfindlich sein;
- werden je nach Erfordernis durch Aushang, Auslegen oder Aushändigen (u. U. Quittierung) bekanntgemacht.

Als erster Anhalt für eine **Gliederung** dient folgende Unterteilung (siehe Eingangsbeispiel):

1. Geltungsbereich

Sachliche (Arbeitsmittel, Stoff, Verfahren), personelle, örtliche und zeitliche Abgrenzung.

2. Gefahren

für Mensch, Güter und Umwelt.

(1) Kennzeichnung der Ursache nach Art, Intensität, Richtung. (2) Daraus resultierende Verletzungs- und Schadensmöglichkeit nach Art und u. U. Schwere.

Bei Gefahrstoffen beispielsweise erfolgt sie

(1) – mit den Gefahrensymbolen und -bezeichnungen

(2) – mit den Hinweisen der R-Sätze

evtl. noch mit zusätzlichen Herstellerangaben aus dem Sicherheitsdatenblatt oder den Produktinformationen.

3. Schutzmaßnahmen und Verhaltensregeln

Es handelt sich im wesentlichen um Ver- und Gebote, die der Adressat persönlich zu beachten hat bzw. um seine technische, organisatorische oder hygienische Beeinflussung von Situationen zur vorbeugenden Vermeidung oder Minderung von Gefährdungen. Es bieten sich z. B. bei Gefahrenstoffen die S-Sätze, eigene Betriebserfahrungen, technische Regeln, aber auch die Betriebsanleitung als Quellen für geeignete Maßnahmen an.

4. Verhalten bei Störungen

Es muß verhindert werden, daß die konkrete Gefährdung zum Unfall eskaliert oder eine Schadenslawine auslösen kann. Es geht um situationsgerechte, wirkungsvolle Soforteingriffe (Abschalten, Sichern, Hilfsmittel) und um die Grenzen der eigenen Kompetenz.

5. Verhalten bei Schäden/Unfällen

6. Instandhaltung

Im Vordergrund stehen Auswahl und Schutz der Instandhalter.

7. Sachgerechte Entsorgung

Dies kann sich auf mögliche Leckagen, Abfall, Verpackungs- oder Hilfsmittelreste beziehen. Es sind Hinweise zu geben auf
- Persönliche Schutzausrüstungen;
- Entsorgungsbehältnisse;
- Aufsaug-/Neutralisierungsmittel;
- Reinigungsverfahren.

8. Folgen der Nicht-Beachtung

Diese Idealgliederung wird in der Praxis modifiziert, wie die folgenden Beispiele zeigen.

10 Ausführungs-Beispiele

Betriebsanweisung

Pressenart: Hydraulische Presse

Schutzeinrichtung: Bewegliche Verdeckung

Prüfung:
Der Pressenhub darf erst dann beginnen, wenn die bewegliche Verdeckung vollständig geschlossen ist.
Die Verdeckung darf sich erst öffnen, wenn der Arbeitsvorgang beendet ist.

Pressen

Betriebsanweisung für Bedienungspersonen

Allgemeines:
- Benutzung der Presse nur nach Freigabe
- Prüfen vor Arbeitsbeginn
  - Schutzeinrichtungen (arbeitstäglich)
  - Werkzeuge
- Das Entfernen oder Umgehen von Schutz- und Schalteinrichtungen ist verboten!
- Nur bestimmungsgemäße Verwendung der Presse
- Vorgegebene Körperschutzmittel sind zu tragen
- Hängengebliebene Teile nur mit Hilfswerkzeug entfernen
- Bei kleinen Störungen im Arbeitsablauf ist die „Ausschalteinrichtung" zu betätigen
- Bei Ausfall von Schutzeinrichtungen ist die Presse stillzusetzen und der Vorgesetzte zu verständigen
- Schalt- und Steuereinrichtungen dürfen nicht als Sitzgelegenheit benutzt werden
- Bei Reinigungs- und Wartungsarbeiten sowie
- beim Verlassen der Presse Hauptschalter ausschalten

Betriebsanweisung	Pressen	Typ
	FW	MA-Nr.

1. Allgemeine Sicherheitsmaßnahmen

1.1 Arbeitsmittel und Werkzeuge müssen sich vor der Arbeitsaufnahme im ordnungsgemäßen Zustand befinden.

1.2 Es sind enganliegende Kleidung und festes sowie geschlossenes Schuhwerk zu tragen.

1.3 Die zur Verfügung stehenden Schutzeinrichtungen und Hilfsmittel sind bestimmungsgemäß zu verwenden.

Die Schutzvorrichtungen dürfen nicht verändert werden.

1.4 Auch bei kleinen Verletzungen ist der Verbandsraum aufzusuchen. Der betriebliche Vorgesetzte ist zu informieren.

2. Verhalten bei Störungen

2.1 Zeigen sich Unregelmäßigkeiten im Lauf des Stössels oder beim Druckaufbau oder treten Fremdgeräusche auf, so ist die Maschine sofort mit Hilfe der Not-Aus-Drucktaste am Steuerpult/Kommandozentrale oder an der Maschine stillzusetzen.

2.2 Besonderheiten und Unregelmäßigkeiten im Betrieb der Presse sind unverzüglich dem Vorgesetzten bzw. seinem Stellvertreter zu melden.

2.3 Betriebsstörungen im Arbeitslauf dürfen nur beseitigt und sonstige Tätigkeiten am Werkzeug nur vorgenommen werden, wenn die Ausschalteinrichtung betätigt worden ist.

3. Sicherheitsmaßnahmen beim
3.1 Einrichten

3.1.1 Beim kraftbetriebenen Probenhub der Werkzeuge sind die zur Verfügung stehenden Schutzeinrichtungen zu benutzen.

3.1.2 Nach dem Einrichten für Zweihand-Bedienung ist die Einhandbedienung zu sperren.

3.1.3 Nach dem Einrichten ist durch eine schriftlich beauftragte Kontrollperson die Wirksamkeit der Schutzmaßnahmen zu überprüfen. Steht eine Kontrollperson nicht zur Verfügung, ist vom Einrichter selbst die Kontrolle mit einer Prüfliste vorzunehmen und eine Bestätigung in das Pressen-Kontrollbuch einzutragen.

3.2 Instandhalten

3.2.1 Bei allen Arbeiten der Instandhaltung (Wartung, Inspektion, Instandsetzung) ist der Antrieb auszuschalten und zusätzlich die Ausschalteinrichtung zu betätigen.

Bei allen Arbeiten ist die Betriebsanweisung der Presse zu beachten!

Betriebsanweisung
mit Hinweisen
zum Umweltschutz

GEFAHRSTOFF Sach-Nr.
Bezeichnung Freon TF
(Hersteller Fa. D.)

Eigenschaften

Chemische Bezeichnung: Trichlortrifluorethan (R 113)
Farblose Flüssigkeit mit leicht süßlichem Geruch. Nicht brennbar. Dampf nicht explosiv, schwerer als Luft. Siedetemperatur 47,6° C.
Handelsnamen anderer Hersteller: Arklone, Frigen, Kaltron

Gefahren beim Umgang

Gesundheitliches Risiko besteht bei längerem intensivem Einatmen des Freon TF-Dampfs durch narkotisierende Wirkung.
Der Dampf bildet bei Kontakt mit Feuer und glühenden Gegenständen giftige Zersetzungsprodukte.

Verhaltensregeln für den Umgang

Behälter mit Freon TF (Lagerbehälter, Reinigungsanlage) nur zur Benutzung öffnen, sonst dicht geschlossen halten, damit möglichst wenig Dampf in die Umgebungsluft austritt.

Verschleppen von Freon TF außerhalb der Reinigungsanlage (z. B. durch nicht abgetrocknetes Reinigungsgut) vermeiden.
Für ausreichende Raumlüftung, vor allem im Bodenbereich, sorgen.

Technische Schutzeinrichtungen
Die Ultraschall-Reinigungsanlage Fabrikat ..., in der sich Freon TF als Flüssigkeit und Dampf befindet, ist ordnungsgemäß zu bedienen und zu warten (gemäß **Bedienungsanleitung** sowie den Vorschriften des Betriebsbuchs).
Beim Befüllen bzw. Entleeren der Reinigungsanlage muß ein Verschütten von Freon auf den Fußboden durch eine Auffangwanne verhindert werden. In der Umgebung der Anlage sind offene Flamme, elektrische Heizgeräte, Löt- und Schweißarbeiten verboten.

Persönliche Schutzmaßnahmen
- Kontakt mit Haut, Augen und Kleidung vermeiden. Schutzhandschuhe tragen.
- Länger dauerndes Einatmen des Dampfs vermeiden.
- In der Umgebung des Reinigungsgeräts nicht essen, trinken und rauchen.

Sachgerechte Entsorgung
Verbrauchtes Freon TF ist in dicht schließende Behälter abzufüllen und als Sondermüll mit der Aufschrift „Freon TF" bei der Sondermüll-Sammelstelle abzuliefern.

Maßnahmen im Schadensfall
Verschüttete Kleinmengen mit Papierwischtüchern oder mit Bindemittel aufsaugen und im Freien verdunsten lassen.
- Bei Verschütten von größeren Mengen sofort die Werksfeuerwehr benachrichtigen. Freon TF darf nicht in die Kanalisation gelangen.
- Durchtränkte Kleidung sofort wechseln und im Freien trocknen.

Erste Hilfe
Einatmen: Betroffene Person an frische Luft bringen. Ambulanz/Arzt rufen.
Bei Atemstillstand: Beatmung mit Gerät.
Hautkontakt: Benetzte Kleidung entfernen. Hautstellen mit viel Wasser abspülen.
Augenkontakt: Sofort ausgiebig mit fließendem Wasser spülen. Ambulanz/Augenarzt aufsuchen.
Verschlucken: Ambulanz/Arzt rufen. Bei Bewußtsein: Erbrechen anregen. Bei Bewußtlosigkeit: Erbrechen nicht anregen.

Kennzeichnungen   Arbeitsbereich, -platz
Gefahrstoff nicht kennzeichnungspflichtig

Besonderheiten des Betriebs, Arbeitsbereiches und Arbeitsplatzes

Verwendung
Zum Reinigen verschmutzter/verölter Teile.

Arbeitsbereich/Arbeitsplatz
TAB 332 (Raum 28064), Ultraschall-Reinigungsanlage Fabrikat ...

Angaben zum Arbeitsbereich und Arbeitsplatz
Bei der Benutzung der Reinigungsanlage ist unbedingt wie folgt zu verfahren:
Das Reinigungsgut zuerst in die Flüssigkeit der Kammer 1 eintauchen, danach überholen in die Flüssigkeit der Kammer 2 zum Spülen und dann hochheben in die Dampfzone der Kammer 3 (nicht eintauchen in die Flüssigkeit!). So lange in der Dampfzone verweilen, bis das Reinigungsgut abgetrocknet ist. Erst danach das trockene und gereinigte Gut aus der Anlage herausheben.

Betriebsspezifische Entsorgung
Entsorgung von verbrauchtem Freon TF geregelt durch den Betriebsbeauftragten für Abfall und Gewässerschutz.

Betriebsspezifische Angaben im Schadensfall
Im Brandfall CO_2 – oder Pulverlöscher einsetzen.
Achtung! Austretender Freon FT-Dampf kann bei Kontakt mit Feuer und glühenden Gegenständen giftige Zersetzungsprodukte bilden.

Ansprechpartner/Tel.-Nr.

Feuerwehr	Werkschutz
Betriebsarzt/Ambulanz	Ersthelfer
Si.-Ingenieur	Sicherheitsbeauftragter
Beauftragter für Umweltschutz	
Abfall	

Freigabestelle	Ausgabe

Die folgenden beiden Merkblätter liegen als Arbeitsanweisung in der Galvanotechnik des betreffenden Betriebes aus und werden auch zu Schulungszwecken verwendet:

Arbeitsschutz-Merkblatt 19
Arbeiten in der Galvanik

1. Tragen Sie stets die vorgeschriebenen, säurefesten Schutzausrüstungen (Schutz-Stiefel, Schürze, Handschuhe, Schutzbrillen bzw. Schutzschirme, Atemschutzgeräte) beim Ansetzen der Bäder oder beim Umgang mit Chemikalien (Säuren, Laugen, Cyaniden u. a. Giftstoffen). Berühren Sie Cyanide nicht mit bloßen Händen.
2. Beachten Sie insbesondere die Bedienungsanweisungen, Unfallverhütungsvorschriften sowie die einschlägigen berufsgenossenschaftlichen Richtlinien und Sicherheitslehrbriefe bzw. die Sicherheitsratschläge und Hinweise auf besondere Gefahren gemäß der Verordnung über gefährliche Arbeitsstoffe.
3. Achten Sie auf einwandfreie Funktion der Be- und Entlüftungsanlagen in der Galvanik.
4. Halten Sie immer die Verkehrswege, Ausgänge und Rettungswege frei.
5. Verwenden Sie zum Eintauchen in Galvanikbäder immer Tauchkörbe oder Zangen.
6. Die Gefäße, in denen ätzende oder giftige Chemikalien aufbewahrt werden, müssen dauerhaft und augenfällig gekennzeichnet sein. Verständigen Sie bei nicht vorhandener Kennzeichnung Ihren Vorgesetzten.
7. Die sofortige Instandsetzung von Schäden an elektrischen Betriebsmitteln (Leitungen, Schalter usw.) ist von größter Wichtigkeit. Melden Sie deshalb festgestellte Mängel oder Veränderungen unverzüglich dem Vorgesetzten.
8. Beim Einführen von Hohlkörpern in die Bäder ist mit Vorsicht zu verfahren, damit keine Badflüssigkeit verspritzt.
9. In Bädern, in denen sich Wasserstoff unter starker Schaumbildung entwickelt, ist beim Einsetzen und Herausnehmen von Werkstücken die Stromzufuhr zu unterbrechen. Zum Entfernen des Schaumes von Hand dürfen nur Werkzeuge aus nicht leitenden Stoffen benutzt werden.
10. Zur Verhütung von Vergiftungen beim Umgang mit Säuren oder Metallsalzen (Chromate, Cyanide, Arsenverbindungen) ist das Essen, Trinken und Rauchen unbedingt in den Arbeitsräumen zu vermeiden. Mitgebrachte Speisen und Getränke sind außerhalb der Arbeitsräume aufzubewahren.
11. Spülen Sie verschüttete Säuren und Laugen immer mit reichlich Wasser weg. Benutzen Sie zum Aufsaugen oder Abdecken bei verschütteter Salpetersäure keine organischen Stoffe, wie z. B. Putzlappen, Sägespäne, Stroh, Torf, Erde oder dergleichen.
12. Verwenden Sie zum Entleeren und Befüllen von Säure- und Laugenbehältern stets Säurekipper oder mit Druckluft betriebene Säureheber.
13. Achten Sie darauf, daß cyanhaltige Bäder als solche gekennzeichnet und Bäder, an denen nicht gearbeitet wird, abzudecken sind.
14. Bewahren Sie Giftstoffe immer in gut verschlossenen Behältern auf. Giftstoffe, die nicht unmittelbar für den Arbeitsprozeß verwendet werden, sind unter Verschluß zu nehmen. Die Ausgabe darf nur von einer zuverlässigen Person vorgenommen werden. Über Eingang, Ausgabe und Bestand ist Buch zu führen.
15. Bei Hautschäden oder sich sonst einstellenden Beschwerden (wie Kopfschmerzen, Übelkeit) suchen Sie sofort den Betriebsarzt, bei Verletzungen den Sanitätsraum auf. Beachten Sie das Merkblatt ZH 1/175 „Erste Hilfe bei Unfällen in der Galvanotechnik".

Zusätzliche Maßnahmen für Arbeiten mit Salpeterbädern (Metallbrennen)
1. Mit dem Brennen von Metallen dürfen nur zuverlässige männliche Personen beschäftigt werden, die damit vertraut und über 18 Jahre alt sind.
2. Der Aufenthalt von Unbefugten im Beizraum darf nicht geduldet werden. Ein Verbotsschild muß vorhanden sein.
3. Die Beizgefäße müssen, solange nicht an ihnen gearbeitet wird, dicht abgedeckt sein.
4. Nitrose Gase (braune oder rote Dämpfe) sind lebensgefährlich! Schützen Sie sich vor dem Einatmen dieser nitrosen Gase. Beugen Sie sich nicht unter die Abzugshaube und setzen Sie Säuren nur unter einem gut wirkenden Abzug an. Nach Einatmen von nitrosen Gasen ist unverzüglich ärztliche Hilfe in Anspruch zu nehmen.
Beachten Sie insbesondere den berufsgenossenschaftlichen Aushang über „Nitrose Gase" gemäß VBG 57, Anhang 1, der in den Arbeits- und Lagerräumen an gut sichtbarer Stelle anzubringen ist.
5. Achten Sie auf das bestehende Aufenthaltsverbot für Unbefugte.
6. Sprechen Sie in allen Zweifelsfragen mit Ihrem Vorgesetzen oder der zuständigen Sicherheitsfachkraft.

Arbeitsschutz-Merkblatt 44
Gefährliche Arbeitsstoffe

1. Der Umgang mit gefährlichen Arbeitsstoffen bringt bei unsachgemäßer Handhabung besondere Gefahren mit sich. Nach der Verordnung über gefährliche Arbeitsstoffe zählen dazu Stoffe, die
   - explosionsgefährlich
   - brandfördernd
   - leicht entzündlich
   - entzündlich
   - giftig
   - ätzend
   - reizend
   - gesundheitsschädlich
   sind.
2. Beachten Sie daher die Warn-, Gebots- und Verbotszeichen am Arbeitsplatz und die an Behältern und Gefäßen angebrachten Sicherheitsratschläge.
3. Die Befolgung spezieller Betriebsanweisungen, Richtlinien und Arbeitsschutz-Merkblätter ist besonders wichtig. (Zugrunde gelegt sind insbesondere die „Verordnung über gefährliche Arbeitsstoffe" und die „Technischen Regeln für gefährliche Arbeitsstoffe").
4. Lassen Sie sich von Ihrem Vorgesetzten vor Beginn der Arbeiten über die besonderen Eigenschaften des Stoffes, mit dem Sie umgehen, unterrichten.
5. Benutzen Sie die Ihnen zur Verfügung stehenden persönlichen Schutzausrüstungen und überprüfen Sie diese vor der Benutzung auf ihren ordnungsgemäßen Zustand. Schadhafte Ausrüstungen bieten keinen Schutz und müssen ersetzt werden.
6. Vermeiden Sie beim Umgang mit gefährlichen Arbeitsstoffen das Einatmen von Stäuben, Dämpfen und Gasen. Zur Abwendung von Gesundheitsgefahren ist eine wirksame Absaugung am Entstehungsort notwendig.
Falls das Einatmen von Schadstoffen nicht zu vermeiden ist, benutzen Sie Atemschutzgeräte. Achten Sie auf wirksame Filter. Geöffnete Filter müssen in jedem Fall innerhalb von 6 Monaten ersetzt werden (siehe auch Arbeitsschutz-Merkblatt Nr. 53 Atemschutz).

7. Der Kontakt mit der Haut und den Augen ist bei gefährlichen Arbeitsstoffen zu vermeiden. Schützen Sie Ihre Augen!
8. Achten Sie darauf, daß Behälter, in denen sich gefährliche Arbeitsstoffe befinden, gekennzeichnet sind. Für die Aufbewahrung dürfen nur dafür geeignete Gefäße verwendet werden, die ein Verwechseln mit Genußmittelflaschen, Lebensmittel- und Trinkgefäßen ausschließen.
9. Gefährliche Arbeitsstoffe dürfen am Arbeitsplatz nur in Mengen vorhanden sein, die für den Fortgang der Arbeiten notwendig sind.
10. Essen, Trinken und Rauchen am Arbeitsplatz ist auf jeden Fall zu unterlassen.
11. Suchen Sie bei körperlichem Unwohlsein sofort den Arzt auf.
12. Lassen Sie auch kleine Verletzungen im Sanitätsraum behandeln.

Schlußbemerkung zu Betriebsanweisungen

Ver- und Gebote oft genug und nachdrücklich wiederholt, können eine gewisse Schutzwirkung gegenüber gleichartigen und sich wiederholenden Risiken besitzen. Aber außerhalb ihres Bezugsfeldes und bei ungewöhnlichen Störungen in ihm ist ihre Wirkung eher zufällig, ja bisweilen des-motivierend. Dies wäre schon Grund genug für Anweisungen die Erkenntnisse zu nutzen, die Gebrauchsanleitungen wirkungsvoller gestalten, geht es doch um das gleiche Anliegen: Menschen vor Gefährdung beim Produktumgang zu schützen. Obendrein steht man Mitarbeitern persönlich näher als anonymen Kunden. Und doch hofiert man diese mehr. Man vergleiche nur die Lieblosigkeit der Aufmachung von Betriebsanweisungen mit den mehrfarbigen Hochglanzausgaben für Kunden. Stil und Form kehren geradezu die Weisungsberechtigung hervor, lassen alle Bekenntnisse zu modernem Führen vergessen. Die Verfasser von Anweisungen sollen ihre Zielgruppe als internen Markt sehen und Maß an den Anleitungen nehmen. Die Haltung ihrer Mitarbeiter gerade zu Fragen der Sicherheit gehört zu ihren wertvollsten Zukunftsressourcen und wird die kleine Umorientierung belohnen.

Literatur

AG der Verbraucherverbände e. V.:	Gebrauchsanweisungen – oft ein Buch mit sieben Siegeln
AG der Eisen- und Metall-Berufsgenossenschaften:	Sicherheit durch Betriebsanleitungen, 1989
Birett, K.:	Allgemeine Betriebsanweisungen, ecomed, 1989
Brendl, E.:	Produkt- und Produzentenhaftung, Loseblatt, Haufe Verlag (zit. Gruppe/Seite) – insbes. Gruppe 5
Brendl, E.:	Euro-Produkt-Risiken, Haufe Verlag, 1989 (zit. EPR/Seite)
Brendl, E.:	Euro-Produkthaftung des Handels, Haufe Verlag, 1990 (zit. EPH/Seite)
Brendl, E.:	Es geht um das Restrisiko, Absatzwirtschaft 11/88, S. 96 ff.
Hampel, R. K.:	Sicherheitsgerechte Betriebsanleitungen, Maschinenbau-Verlag 1989
Maier/Beimel:	Optimierung von Gebrauchsanweisungen, Schriftenreihe der Bundesanstalt für Arbeitsschutz, 1987
Seger, O. W.:	Betriebsanleitungen, Betriebsanweisungen, 1990
Verband Dt. Maschinen- und Anlagenbau e. V.:	Betriebsanleitungen. Technische Dokumentation im Maschinen- und Anlagenbau, Maschinenbau-Verlag, 1989
Zieten, W.:	Die optimale Gebrauchs- und Betriebsanleitung, Mi, 1990
o. V.:	TRGS 555 „Betriebsanweisung und Unterweisung nach § 20 GefStoffV" Ausgabe März 1989 (BArbBl. 3/1989 S. 84) geändert BArbBl. 10/1989 S. 62

Stichwortverzeichnis (Die Zahlen bezeichnen die Seiten)

ABS- und Vierrad-Fahrer 48
Aktivierung auslösen 47
Akzeptanz-Niveau 106
Angeborenes Schutzverhalten 32
Anleiten, Haftungsdicht 35
– schutzwirksam 37
Anleitungsarten, Zwecke 73, 74
Anleitungsfunktionen 6
Anleitungs-Qualität 30
Anwender s. Benutzer
Anwender-Haftung 58
Arzneimittel, GA-Positivbeispiel 149
Arzneimittelgesetz 89
Assoziationen 52
Aufklärung 16
Aufmerksamkeit auslösen 48
Ausfall-Effekt-Analyse 106
Autor, Selbstprüfung 103
Autoren, Anforderungen 11
– Anforderungen an 36
– Empfehlungen an 12
– Ratschläge für 83
Autorenhaftung 13

Baumspritzen-Urteil 52
Beispiele 116
Benutzer, Inkompetenz 16
– Kenntnisse 21
– Recht auf Information 16
– Struktur Schutzbedürfnisse 19
Benutzergefährdung, Quantifizierung ... 23
Benutzergewohnheiten 42
Benutzer-Sorgfaltspflichten 15
Beratung 70
Bereitschaftsschwellen 52
Betonmischer-Fall 55
Betriebsanleitung, Abweichungen von GA zur
   Zielgruppe 7
Betriebsanleitung und -anweisung,
   Abgrenzung 156
– Verknüpfung über GSG/UVV 158
Betriebsanleitung und -anweisung Verknüpfung über UVV/GSG 84
Betriebsanweisung, Beispiel
   Exzenterpresse 162
– Dreiteilung 159
– Gliederungsvorschläge 163
– Pflicht des Arbeitgebers 157
– Rundbrief-Beispiel 160
Betriebs-Anweisungen, Definition 155
Betriebsanweisungen, Positiv-Ausführungs-
   beispiele – Hydraulische Presse 166
– Positivbeispiele – Gefahrstoffe 169
Betriebsanweisungen erstellen 164
Betroffenheit ausüben 48
Bewertung von Betriebsanleitungen 69

Bildzeichen 111
– s. a. Piktogramm
Bio 48
Briefing an GA-Autoren 110
Briefing für Fremdautoren 68

CEN/CENELEC 77
CE-Zeichen 21
Checklisten .. 12, 19, 23, 31, 34, 36, 40, 50, 109
– Erstellung GA 103
Chemikaliengesetz 93

Darbietung 62
Darbietungs-Matrix 15
Design 41
Dichtungsmasse-Urteil 55
DIN, einschlägige Normen 75
DIN EN 292, Kritik an 78
DIN EN 292 nach ISO 80
DIN V 8418, Hinweise für die „GA-
   Erstellung" 72
Dokumentation 37

EG, Sicherheitsauflagen an
   Mitgliedstaaten 99
EG-Kommission, Sicherheits-Philo-
   sophie 19, 98
EG-Richtlinien 97
Einstellung zu Risiko und Sicherheit 66
Elektrogrill, US-GA-Beispiel 151
Elektro-Handbohrer, GA-Negativbeispiel . 140
Emotionale Aktivierung 47
Erfolgswahrscheinlichkeit,
   vorweggenommene 48
Erworbenes Schutzverhalten 32
Estil-Urteil 58
Exogene Risikofaktoren 107

Farbpsychologie 114
Fehleinschätzungen 51
Fehler-Möglichkeits- und -Einfluß-Analyse . 106
Fertighaus-Urteil 55
Fleckenentferner, GA-Negativbeispiel ... 136
Flußorganisation 148
FMEA 106
Fußbodenklebemittel-Fall 57
GA, Anforderungen an 33
– Anordnung und Art der Informationen . 81
– auch technische Dokumentation 21, 37
– Bewertung, ausführlich 69
– Bewertung, Schnellverfahren 108
– einzuhaltende Empfehlungen, Ge- und
   Verbote 71
– erforderliche Angaben 101

(Die Zahlen bezeichnen die Seiten)

- erstellen 110
- Gebrauchsphasen 34
- Gestaltungsleitsätze nach DIN 80
- Gliederung nach DIN. 74, 82
- Gliederungsvorschlag 109
- Inhalt 82
- interdisziplinäre Aufgabe. 25
- mediendidaktische und -technische Hinweise 110
- Mindestangaben nach Masch-R 101
- Realisierungs-Strategie 104
- Regeln zur lerngerechten Aufbereitung. 51
- Risikobewertung. 106
- Rolle im Sicherheitssystem 45
- Rolle in Kundenbeziehung – Ablaufschema 105
- scherzhafte Übertreibung 152
- Sicherheitskonzept 104
- situatives Medium. 9, 27
- Sorgfaltspflichten 101
- Warnungen. 81
- Wirkung prüfen 111
- Wirkungsweise 9
- Zielsetzung. 104
GA-Ausführungsbeispiele. 116
GA bei integrierter Datenverarbeitung . . . 146
GA-Beispiele aus USA 151
GA-Bewertung, Ergebnis bei ausführlicher Checkliste 142
GA erstellen. 83, 103
GA für USA 50, 130
Gas-Alarm-Selbstladepistole, Urteil 59
GA und Pflichtenheft 17
GA und unlauterer Wettbewerb 17
GA-Workshop. 70
Gebrauchsanleitung s. a. GA
Gebrauchsanleitung enthalten 17
Gebrauchsanleitungen vs. Betriebsanleitungen 7
Gebrauchsphasen. 21
Gefährdung, nicht rechtsrelevant 38
Gefährdungs-Situationen 33
Gefährdungsverhalten, übereinstimmendes. 28
Gefahrenstoffe, verharmlosende Angaben . 95
Gefahrstoffverordnung. 93
Gefühle, vorweggenommene 48
Gelenkwellen, GA-Positivbeispiel 127
Gerätesicherheitsgesetz 84
Gestaltung, Kommunikative 26
GSG, Verknüpfung mit DIN 8418 87
- Verknüpfung mit UVV 84
- vorbeugender Gefahrenschutz 87
GSG und GA 89

Haartonicum-Fall 57

Haartrockner 56
Händler. 99
Händler-Haftung 55
Haften mit Verschulden 55
Haften ohne Verschulden, ProdHaftGesetz 61
Haftungs-„dicht", Definition 10
Haftungsdicht anleiten 35
Harmonisierung. 22
Herzberg 2-Fakten-Theorie 53
Hinweisende Sicherheit 16, 41
- Hauptziele 16
- Qualifikationsschub 34
Hinweisende und technische Sicherheit . 17, 41
Honda-Urteil. 48, 57

Idiotensichere Gebrauchsanweisungen . . 66
In der Hand tragbare Maschinen, zusätzliche Erfordernisse. 103
Information s. Darbietung
Inkompetenz des Benutzers 16
Insektenvernichtungsmittel, Urteil. 55
Instandhaltung 76
Instruktionsfehler, Beweislast 21
Instruktionspflicht. 55
Instruktionspflicht wächst mit situativer Kundennähe 62
Intuition. 44
Jurist. Rat, zur GA-Erstellung 35

Käufer s. Benutzer
Kennzeichnung Gefahrenstoffe 94
Kleinschütze, GA-Positivbeispiel 138
Kommunikation, Definition 25
- s. Darbietung
Kommunikation Käufer/Produkt, Ablaufschema 105
Kommunikationsformen 41
Kommunikations-Review 67
Kommunikative Struktur. 26
Konstruktive Sicherheitsmaßnahmen. . . . 80
Konsumerismus, Entwicklung 19
Konzentrationsreflex 48
Konzipierung 35, 39, 42
Kühlmaschine, Urteil. 57
Kulturelle Unterschiede 32

Lärmschutzangaben 102
learning by doing. 50
Lenkradverkleidungs-Urteil 57
Lernkanäle. 32
Lern-„Typen". 51
Lieferanten, Pflicht zu informieren 16

Marketing, Aufgabenstellung. 23
- Schutzpräzisierung 31

(Die Zahlen bezeichnen die Seiten)

Marketing-Aspekte. 14
Marketing-Mix und Schutzaspekt 25
Marktanalyse, schutzorientierte 24
Marktrisikolage des Produkts 104
Maschinen-Richtlinie. 100
Maslow-Pyramide 53
Mediendidaktische Gestaltung. 110
Medientechnisch Aufmerksamkeit
 auslösen 48
Medientechnische Gestaltung 108
Medientechnische Gestaltungshilfen 111
Medientechnische Hinweise 83
Medientechnische Stoff-Aufbereitung . . . 51
Mehrkanaliges Lernen 50
Mehrsprachigkeit, GA-Positivbeispiel. . . . 126
Motivation, Definition 53
Motivationstheorien 53
Motivieren, situativ 48
Motorsense, Urteil 60

Nahrungswirtschaftliche Maschinen, zusätzliche Erfordernisse 102
Nutzung, offensive 51
Nutzungsfunktion, Definition 7
Nutzungsfunktionen, lernpsychologisch
 sichern 50
Nutzungs- und Schutzfunktion. 47

Obhutspflicht 33
Obhutspflichten. 21
Offensive Sicherheit 98
Orientierungsreize 110
– Symbolgestik. 114
Orientierungssignale. 48

Pestizid, US-GA-Beispiel 152
Pflichtenheft. 24
Piktogramm-Beispiele . 18, 51, 52, 56, 76, 95, 96
Präsentations-Qualität. 111
Praktiker ohne Theorie 11, 17, 43, 103
ProdHaftGesetz. 61
Produktbeobachtung. 21
Produkt-Restrisiken 107
Produkt-Sicherheits-Richtlinie 21
Produktsicherheitsrichtlinien-Entwurf 97
Pschychologie korrigiert gesunden
 Menschenverstand 44
Psychologie der Farbe 114
Psychologische Grundlagen, Theorie von
 Weimer 9
– Anleiten 43
– Ein- bzw. Unterweisen 43
– SOR-Paradigma. 46

Recht, Anspruchsabwehr 37
Rechtseinflüsse s. a. Haften

Rechtsgrundlagen 20, 22
Rechtskriterien an Sicherheit 36
Rechtsprechung zu § 823, BGB, Konsequenzen für GA 60
Rechtsprechung zum UWG, Konsequenzen
 für GA 61
Rechtsrahmen 54
Reiniger-Urteil. 136
Restgefahren, Warnung vor 101
Restrisiken. 51
– Schutz vor 22
Restrisiko-Kategorien 23
Risikoanalysen für GA-Ersteller 106
Risiko-Ermittlung 33, 40
Risikofaktor „Benutzer" 107
Risikohandhabung, GA 11
Risiko-Prioritätszahl 106
Rostschutzmittel, Negativbeispiel für GA . 95
Routineblindheit 52
R- und S-Sätze, Gefahrenstoffe. 94

Sachinformation, schutzunwirksame 48
– schutzwirksam. 38
– schutzwirksame 103
Schlösser, GA-Negativbeispiel. 143
Schlüsselreize 48, 110, 115
Schnellmischer-Fall 57
Schrittfolge, beispielhafte. 110
Schutz, Definition 10
Schutzfunktion 18, 51
– Abstufung. 10, 12, 35, 51, 98
– Definition 8
Schutzgesetze 21, 60, 84
Schutzhinweise Gefahrenstoffe 94
Schutz-Intensität, abgestufte. 107
Schutzkonzepte. 25
Schutzverhalten 32
Schutzwirksam anleiten. 37
Schutzzwecke von Anleitungen 34
Selbstgefährdung 47
– emotionsgesteuerte. 43
Selbstschutzfähigkeit 52
Selbstschutzverhalten 9
Selbstschutzvermögen 32
Sicherheit, Definition. 10, 15
– Integration von. 100
– offensive 42
– Unteilbarkeit 21
Sicherheits-Definitionen. 27
Sicherheits-Erwartungen 66
Sicherheit sichern 11, 12, 40
Sicherheitskonzept GA 104
Sicherheits-Konzeptwahl 39
Sicherheitspflichten 99
Situativ motivieren 48
Sniffing-Urteil 58

(Die Zahlen bezeichnen die Seiten)

SOR, psychologisches Paradigma 46
Sorgfaltspflichten s. Benutzer
SOR-Paradigma, Umsetzung auf GA's. . . 106
Spannkupplungs-Urteil 59
Spielzeugverordnung 91
Sprach-Didaktik................ 113
Sprache 49, 111
Sprachkultur, Unterschiede zwischen engl.
und amerik. Version 130
Sprachrealismus 48
Störereignis 33
Studios für Gebrauchsanleitungen 67

Technische Sicherheit, Höhe......... 23
Theorie und Praxis.............. 11, 17
Tischbohrmaschine, importierte (GA-
Negativbeispiel) 142
Training..................... 70
Traktoren, GA-Positivbeispiel 116
Typologien................... 65

Überrollbügel, Urteil.............. 59
Übersetzungsfehler 49
Unfallverhütungsvorschrift 84
Unterweisungen 156

Verarbeitungsmaschine, schneidende
(Negativbeispiel) 144

Verbraucherschutz, Rechtsgrundlagen. . . 18
Verhaltensbeeinflussung, Definition 46
Verpackungsmaschinen, BA-Anforderungen
bei intelligenten Maschinen........ 145
verständlich aber 49
Verständlichkeit, medientechnische Hilfen . 74
– mißverstandene 17, 38
Verständlichkeit mißverstanden 64
Verstand zu Vernunft bringen 38, 47
Vertrauensbildung, Image, positives 26
Vester..................... 51

Warnungen 81, 100, 112
Weimer, Theorieanwendung 47
– Theorie zur Verhaltensbeeinflussung . . 9
– Umsetzung des Modells auf GA's 106
Wettbewerb, unlauterer und GA's 18
Wickelmännchen 52
„Wie sicher ist sicher genug?" 53
Wortwahl.................... 113

Zahnbohrer, GA-Positivbeispiel 137
Zielgruppen, archetypisches
Risikoverhalten 28
Zielgruppierungen, demoskopische..... 28
Zinkotom, Urteil................. 65
Zinkotomfall................... 48
Zivilisations-Schere 7, 42
Zulieferant................... 52